Web服务开发技术

文 斌 等编著

国防工业出版社

·北京·

内 容 简 介

　　服务作为一种自治、开放、与平台无关的网络化构件，可使分布式应用具有更好的复用性、灵活性和可增长性。互联网已逐渐演变成为目前计算的基础设施，服务作为承载和放大计算基础设施能力的软件生产方式成就云计算资源共享能力。特别是其落地应用技术——Web 服务开发技术，对于学术界和产业界，其理论和应用需求都十分旺盛。本书将云计算、服务计算、软件工程三者有机结合在 Web 服务开发技术之中，理论与实践相结合，案例丰富，反映最新主流软件工程技术发展方向。全书首先介绍服务计算的基础理论，进而重点掌握 SOA 的相关技术，包括 Web 服务技术基础、Web 服务实现技术、Web 服务高级技术、基于 SOA 的业务流程建模与服务组合等技术，要求熟练应用基于 Eclipse 的 Web 服务开发技术和基于.Net 的 Web 服务开发技术进行软件开发实践。本书的特点是从产业需求出发，研究服务软件生产，积极探索 Web 服务开发关键方法和技术，紧密结合原理和实际案例展开阐述，为软件从业人员提供 Web 服务开发技术的系统解决方案和整体认知。

　　本书主要适用于普通高等学校计算机、软件工程、电子商务、信息管理等专业研究生、高年级本科生相关课程的教学，同时可供互联网计算的从业人员和研究人员使用和参考。

图书在版编目（CIP）数据

Web 服务开发技术/文斌等编著. —北京：国防工业出版社，2019.1

ISBN 978-7-118-11806-3

Ⅰ. ①W… Ⅱ. ①文… Ⅲ. ①Web 服务器－研究 Ⅳ. ①TP393.092.1

中国版本图书馆 CIP 数据核字（2019）第 006662 号

※

国防工业出版社出版发行

（北京市海淀区紫竹院南路 23 号 邮政编码 100048）

三河市德鑫印刷厂印刷

新华书店经售

*

开本 710×1000 1/16 印张 15¾ 字数 286 千字

2019 年 1 月第 1 版第 1 次印刷 印数 1—2000 册 定价 89.00 元

（本书如有印装错误，我社负责调换）

国防书店：（010）88540777　　　发行邮购：（010）88540776

发行传真：（010）88540755　　　发行业务：（010）88540717

前　言

"沟通成就一切，互动创造价值。" 服务源于人类对交互价值的渴望，互联网成就了机器之间的沟通，服务造就了软件之间的互动，即 "召之即来、挥之即去、不求所有、但求所用"。

服务作为一种自治、开放、与平台无关的网络化构件，可使分布式应用具有更好的复用性、灵活性和可增长性，在互联网时代有力提升软件开发效率。人类像享受服务一样进行信息的消费，计算如服务，故称服务计算。服务的实质是计算单元之间的松耦合无缝连接，调用信息资源采用请求－响应的方式，提出要求、获得价值。

服务计算是云计算的两大支撑技术之一，被认为是网络化时代主流的软件生产方式。服务计算将服务作为应用开发的基本元素，为跨平台、松散耦合的异构应用提供了一种新的计算模式。服务计算的松耦合特征也使得企业 IT 架构不仅可以有效保护已有投资，促进遗留系统的复用，而且可以支持随需应变的敏捷性和先进的软件外包管理模式。企业在把其关键功能服务化后，可以使企业间的电子商务以更高效、灵活的方式开展。"软件即服务（SaaS）"，充分利用网上可用软件资源，随需而变、协作应变，满足个性化多元化分布式用户需求。我们正在走向面向服务的软件工程（SOSE）时代。

服务计算作为云计算的基础之一和互联网时代的企业软件主流开发手段，其最佳实践和落地应用——Web 服务开发技术，全国本科及以上的高校或科研机构都会有开设此课程的需求，但全面系统讲述其原理、注重实际开发应用的合适教材或著作严重缺乏。作者承担此课程多年，一直没有搜寻到适用、理想的教材。目前服务计算已经成为一门独立学科分支，国内科研需求旺盛。产业界面向服务、基于面向服务体系结构（SOA）进行软件开发已经成为业界共识，拥有大量企业界从业人员，同时每年新加入的初学者也日益增加。面向服务软件工程、服务计算、Web 服务开发等已经成为高校软件相关专业的重要专业拓展课程，相关教学同样需要大量参考资料。

作者近 5 年从事此课程教学，每年都有近百人修读此课程，学生基本以作者及时更新的教案为主，同时参考相关书籍为辅进行，教学效果良好。为此，基于已有教学积累、自编讲义、科研成果，精选行业及学生实践经典案例，历时 1 年编著了本书，对 Web 服务开发技术的特点、工具、应用等提供系统的阐述和讨论。本书编写过程中，在实验室学习的学生黄建亮、高聪也参与了相关章节初稿资料的收集工作，文雅致参与了本书第 7、8 章的编写工作。

本书通过关注 Web 服务开发理论与实践，首先期望读者能够掌握服务计算的基础理论，包括服务的基本概念、SOA 设计原则、SOA 参考架构和 SOA 技术体系等知识。在此基础上重点掌握 SOA 的相关技术，包括 Web 服务技术基础、Web 服务实现技术、Web 服务高级技术、基于 SOA 的业务流程建模等技术。在掌握理论与技术的基础上，熟悉 SOA 应用开发技术，包括 SOA 开发方法、SOA 程序设计模型。熟练应用基于 Eclipse 的 Web 服务开发技术和基于 .Net 的 Web 服务开发技术进行软件开发实践。书后附录包括 Web 服务开发技术课程实验教学大纲。

通过本书的学习和实践，读者可以有以下收获：

- 能够全面认识 SOA 技术，了解 SOA 的历史、SOA 在现代软件开发中的重要作用，以及 SOA 技术体系。
- 掌握 Web 服务的开发技术及应用。
- 求职或求学时，可以通过软件企业（学校）关于分布式计算、SOA 和 Web 服务方面的面试。

服务是联系社会经济生活与信息技术的基本线索，因此本书特别适合跨学科专业相关人员阅读，例如软件工程、电子商务、信息管理、信息与计算科学、计算机等专业，为高年级本科生、研究生开设专业拓展课程。本书也可作为网络高级编程、高级 Web 技术、分布式计算、企业应用集成等课程的参考教材或部分内容。

"好风凭借力，送我上青云。"人工智能与大数据技术快速发展，智能服务研究方兴未艾，按需服务、随需应变的理念贯穿服务计算研究社区。如今中国计算机学会设有服务计算专委会，每年都举办全国性的服务计算学术会议和研讨会，国家自然科学基金委员会 2018 年起新设立了服务计算（F020210）的研究申报代码。服务计算研究领域也产生了新的技术挑战和研发热点，需要我们继续付出艰巨的努力。

本书是在国家自然科学基金（61562024）、海南省 2014 年教育教学重大项目（编号 Hnjgzd2014 – 07）资助下的研究成果。编写过程中参考了大量服务计算和 Web 服务相关的著作、教科书、论文和互联网资源，书末附有主要参考文献，非常感谢这些文献作者的付出。同时感谢国防工业出版社的支持，特别是冯晨编辑，没有她的包容和理解，本书不可能面世。

由于作者教学、科研任务十分繁重，同时 Web 服务开发技术仍然是一个发展中的、需要付出艰巨努力的方向，本书虽极力追求完善，多次修改，但书中不妥之处在所难免，真诚欢迎各位专家、读者批评指正。

编者

2018 年 10 月于怡园

目　　录

第 **1** 章

面向服务体系结构（SOA）及服务计算

本章学习目标：

通过本章的学习，深入了解面向服务体系结构（SOA），充分认识 SOA 技术体系的研究内容、理论基础和应用领域，以及它在软件开发中的地位和作用，掌握服务计算的定义和目标，并了解 SOA 的发展趋势。

本章要点：

- 面向服务体系结构（SOA）的定义和研究内容；
- SOA 的技术体系；
- Web 服务的定义及应用领域；
- 基于 Web 服务的应用集成；
- 服务计算的定义与目标；
- SOA 的发展趋势。

互联网是信息技术领域中，人类在 20 世纪做出的对今后影响最大的发明，开放、自治、动态变化是互联网的主要特征，这些特征使得互联网计算与传统的分布式计算有着本质不同。基于互联网的网络化软件与传统软件也有明显区别，网络化软件既要像桌面软件一样方便使用、满足多样化的个性需求、适应动态负载与可扩展性的要求，还要有效利用分散、自治、异构的网络资源，支持跨管理域的系统集成。

随着软件与网络的深度融合，激励着软件方法和技术的创新。"软件即服务（SaaS）"，充分利用网上可用软件资源，随需而变、协作应变，满足个性化、多元化分布式涉众用户服务需求。我们正在走向面向服务的软件工程（SOSE）时代。

1.1　面向服务的体系结构（SOA）

要全面、正确地理解现代教育技术的概念，就必须弄清楚什么是教育，什么是技术，然后在此基础上分析教育技术和理解现代教育技术的概念，以及这些概念之间的相互关系。

服务作为一种自治、开放、与平台无关的网络化构件，可使分布式应用具有更好的复用性、灵活性和可增长性。面向服务计算（Service Oriented Computing, SOC）是一种新型的计算模式，它把服务作为基本的构件来支持快速、低成本、简单的分布式甚至异构环境的应用组合。面向服务的计算的重点之一就是以标准的方式支持系统的开放性，进而使相关技术与系统具有长久的生命力。

企业在构建应用系统时都面临着节约成本和随需应变这两大难题。面向服务的体系结构和面向服务的计算（SOC）技术是标识分布式系统和软件集成领域技术进步的一个里程碑。基于服务组织计算资源所具有的松耦合特征会给企业带来许多好处：遵从 SOA 的企业 IT 架构不仅可以有效保护企业投资，促进遗留系统的复用，最大限度利用现有资源和技术以消减成本，而且可以支持企业随需应变的敏捷性和先进的软件外包管理模式。企业在把其关键功能服务化后，可以使企业间的电子商务以更高效、灵活的方式开展。Web 服务技术是当前 SOA 的主流实现方式，包括 IBM、微软在内的全球知名 IT 企业正和各大学及研究机构通力合作，积极促进 Web 服务技术的成熟和发展。

SOA 概念最早由国际咨询机构 Gartner 公司于 1996 年首次提出。迄今为止，对于 SOA 还没有一个统一的定义。下面列出主要的 SOA 概念。

（1）W3C 定义：SOA 为一种应用程序体系结构，在这种体系结构中，所有功能都定义为独立的服务，这些服务带有定义明确的可调用接口，可以以定义好的顺序调用这些服务来形成业务流程。

（2）Gartner 定义：SOA 为客户端/服务器的软件设计方法，一项应用由软件服务和软件服务使用者组成，SOA 与大多数通用的客户端/服务器模型的不同之处在于它着重强调软件构件的松散耦合，并使用独立的标准接口。

（3）Service-architecture. com：SOA 本质上是服务的集合。服务间彼此通信，这种通信可能是简单的数据传递，也可能是两个或更多的服务协调进行些活动。服务间需要某些方法进行连接，所谓服务就是精确定义、封装完善、独立于其他服务所处环境和状态的函数。

（4）IBM：SOA 是一个组件模块，它将应用程序的不同功能单元（称为服务）通过其间定义良好的接口和契约联系起来。接口是采用中立的方式进行定义的，它应该独立于实现服务的硬件平台、操作系统和编程语言。这使得构建在各种各样的系统中的服务可以以一种统一和通用的方式进行交互。

经典的 SOA 模型包含 3 个角色：服务请求者、服务提供者和服务代理（中介平台）。SOA 的概念模型如图 1-1 所示，角色之间的交互关系如图 1-2 所示，完整的 SOA 模型如图 1-3 所示，单个服务内部结构如图 1-4 所示。

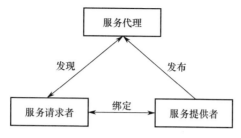

图 1-1 SOA 的概念模型

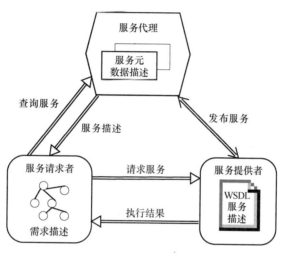

图 1-2 SOA 角色之间的交互关系

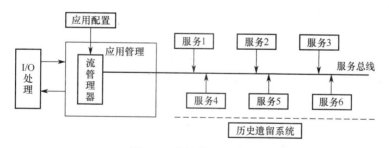

图 1-3 完整的 SOA 模型

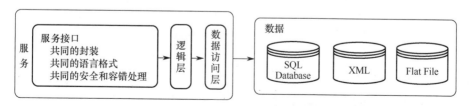

图 1-4 单个服务内部结构

（1）服务提供者：负责创建服务的描述，发布到服务中介。

（2）服务请求者：从服务代理处查找服务的描述，进而调用服务。当然，如果知道服务的具体地址，也可以绕过服务代理直接调用。因此，服务代理并不是必须的。

（3）服务代理：服务提供者和服务请求者之间的中介，比如企业服务总线（ESB）。

SOA 是一种粗粒度、松耦合服务架构，服务之间通过简单、精确定义接口进行通信，不涉及底层编程接口和通信模型。SOA 可以看作 B/S 模型、XML（标准通用标记语言的子集）/Web Service 技术之后的自然延伸。

SOA 将能够帮助软件工程师们站在一个新的高度理解企业级架构中各种组件的开发、部署形式，它将帮助企业系统架构者更迅速、更可靠、更具重用性地架构整个业务系统。较之以往，以 SOA 架构的系统能够更加从容地面对业务的急剧变化。

1.2　SOA 技术体系

要运行和管理 SOA 应用程序，需要 SOA 技术体系，这是 SOA 平台的一个重要部分。SOA 技术体系必须支持所有的相关标准和需要的运行时容器。图 1-5 所示为 SOA 计算环境的标准协议栈，图 1-6 所示为一个典型的 SOA 技术体系协议层次结构。

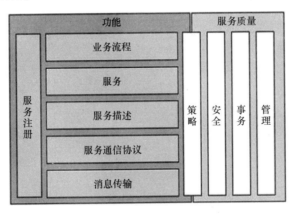

图 1-5　SOA 计算环境的标准协议栈

1.2.1　SOA 技术体系的核心

1. WSDL、UDDI、SOAP

WSDL、UDDI、SOAP 是 SOA 技术体系的基础部件。WSDL 用来描述服务；

UDDI 用来注册和查找服务；而 SOAP，作为传输层，用来在消费者和服务提供者之间传送消息。SOAP 是 Web 服务的默认机制，其他的技术为可以服务，实现其他类型的绑定。一个消费者可以在 UDDI 注册表（Registry）查找服务，取得服务的 WSDL 描述，然后通过 SOAP 调用服务。

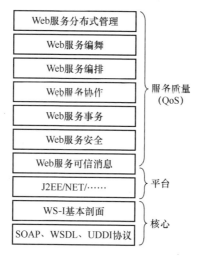

图 1-6　SOA 技术协议体系协议层次结构

2. WS-I Basic Profile

WS-I Basic Profile，由 Web 服务互用性组织（Web Services Interoperability Organization）提供，是 SOA 服务测试与互用性所需要的核心构件。服务提供者可以使用 Basic Profile 测试程序来测试服务在不同平台和技术上的互用性。

1.2.2　SOA 技术体系中的开发平台

尽管 J2EE 和 .NET 平台是开发 SOA 应用程序常用的平台，但 SOA 不仅限于此。像 J2EE 这类平台，不仅为开发者自然而然地参与到 SOA 中提供了一个平台，还通过它们内在的特性，将可扩展性、可靠性、可用性以及性能引入 SOA 世界。新的规范，例如：JAXB（Java API for XML Binding）用于将 XML 文档定位到 Java 类；JAXR（Java API for XML Registry）用来规范对 UDDI 注册表（Registry）的操作；XML-RPC（Java API for XML-based Remote Procedure Call）在 J2EE 1.4 中用来调用远程服务，这使得开发和部署可移植于标准 J2EE 容器的 Web 服务变得容易，与此同时，实现了跨平台（如 .NET）的服务互用。

1.2.3　服务质量

当一个企业开始采用服务架构作为工具进行开发和部署应用的时候，基本的 Web 服务规范，像 WSDL、SOAP、UDDI 就不能满足这些高级需求。正如前面所提到的，这些需求也称作服务质量（QoS，Quality of Services）。与 QoS 相关的众多规范已经由一些标准化组织提出，如 W3C（World Wide Web Consortium）和 OASIS（the Organization for the Advancement of Structured Information Standards）。

Web 服务安全规范用来保证消息的安全性，该规范主要包括认证交换、消息完整性和消息保密。该规范吸引人的地方在于它借助现有的安全标准，例如，SAML（as Security Assertion Markup Language）来实现 Web 服务消息的安全。OASIS 正致力于 Web 服务安全规范的制定。

在典型的 SOA 环境中，服务消费者和服务提供者之间会有几种不同的文档在进行交换。具有诸如"仅且仅仅传送一次"（Once-and-only-once Delivery）、"最多传送一次"（At-most-once Delivery）、"重复消息过滤"（Duplicate Message Elimination）、"保证消息传送"（Guaranteed Message Delivery）等特性消息的发送和确认，在关键任务系统（Mission-critical Systems）中变得十分重要。WS-Reliability 和 WS-Reliable Messaging 是两个用来解决此类问题的标准，这些标准都由 OASIS 负责。

1.3　Web 服务与服务计算

服务的概念源于社会和经济领域，是指为了创造和实现价值由顾客与提供者之间进行的交互协同过程和行为。服务的结果往往是人们得到了价值体验。与此相关的概念包括服务业、服务经济、服务科学、现代服务业等。服务计算是现代服务业的支撑技术。

服务的实质是计算功能单元（信息资源）之间松耦合的联系，调用计算单元采用请求－响应方式，提出要求、获得价值，召之即来、挥之即去。

1.3.1　Web 服务

在信息和通信技术领域，服务更多地被当作为一种自治、开放、自描述、与实现无关的网络化构件。与此相关的概念涉及服务计算、云计算。

下面列举一些组织或机构给出的服务概念。

W3C："服务提供者完成一组工作，为服务使用者交付所需的最终结果。最终结果通常会使使用者的状态发生变化，但也可能使提供者的状态改变，或者双方都产生变化。"

OASIS：一种访问某一个或多个能力的机制，这种访问使用预先定义好的接口，并与该服务描述的约束和策略一致。服务的重要元素为接口、约束和策略。

Wikipedia：服务是指自包含、无状态的业务功能，通过良好定义的标准接口，接收多方的请求，并返回一个或多个响应。服务不依赖于其他的服务，并与使用的技术无关。Wikipedia 的特征为自包含、无状态。

本书从服务是可访问构件的本质出发，定义服务和 Web 服务如下：

（1）一个构件向外界暴露接口以供访问，这个构件就称为一个服务；

（2）Web 服务即可以通过 Web 方式来调用的构件（软件实体）；

（3）Web 方式本质上就是使用 HTTP 协议。

在理解 SOA 和 Web 服务的关系上，经常发生混淆。根据 2003 年 4 月的 Gartner 报道，Yefim V. Natis 对这个问题是这样解释的："Web 服务是技术规范，而 SOA 是设计原则。特别是 Web 服务中的 WSDL，是一个 SOA 配套的接口定义标准：这是 Web 服务和 SOA 的根本联系。"从本质上说，SOA 是一种架构模式，而 Web 服务是利用一组标准实现的服务。Web 服务是实现 SOA 的方式之一。用 Web 服务来实现 SOA 的好处是可以实现一个中立平台，来获得服务，而且随着越来越多的软件商支持越来越多的 Web 服务规范，系统会取得更好的通用性。

1.3.2 服务计算

互联网时代就像享受服务一样进行信息的消费，计算如服务，故称服务计算。

现代服务业的发展得益于信息技术的高速发展和广泛应用。近年来，以云计算、物联网、移动互联网、大数据为代表的新一代信息技术与传统服务业的融合创新，催生了以共享经济、跨界经济、平台经济、体验经济为代表的多种创新模式。这些创新模式的推广与应用使得服务形式更为多样、服务应用更加泛化、服务的内涵和外延也随之被不断拓展，并给现代服务业的支撑技术——服务计算带来了新的挑战和要求。服务代表了商业模式，计算则代表以 IT 技术为核心的实现手段，这两个词合在一起就高度浓缩了商业和技术的完美结合。

服务计算是一种面向服务提供主体和服务消费主体、以服务价值为核心的计算理论，它通过一系列服务技术的应用，借助服务载体，完成双方预先商定的服务过程，达成既定的服务目标，并最终产生或传递服务价值。

提供主体，即服务提供者，包括人、组织以及程序、智能系统等非生物体。

消费主体，即服务消费者，包括人、组织以及程序、智能系统等非生物体。

服务载体，即服务提供主体和消费主体进行交互的媒介物，包括服务平台、智能工具、系统等。如在众筹、众包服务中，提供主体和消费主体都必须依托于服务平台，通过在平台上进行交互才能完成项目众筹和任务众包。

服务过程，即服务提供主体与消费主体就服务的内容、质量、协议达成一致后，通过双方的共同协作完成服务的过程。在服务执行过程中，服务消费主体向服务提供者进行评价和反馈，从而促成服务提供者按照服务质量协议提供服务。

服务目标，即服务提供主体与消费主体共同协作完成服务过程的目的，目标可以分为物理目标、虚拟目标、数字目标和情感目标等。

服务价值，即服务产生的价值或效用，是服务提供主体与消费主体协作实施服务过程，在达到目标之后，传递或者产生的价值，类型可分为有形的和无形的两种。

服务计算的内涵如下。

（1）服务价值是服务计算的核心：它是服务提供主体与服务消费主体建立服务关系的驱动力，也是服务计算的最终结果和目标。服务价值的生成或传递蕴含在服务模式、商业模式中，通过服务过程的实施体现出来。

（2）服务目标是度量服务计算过程的标准：服务计算的过程针对服务主体双方约定的服务目标，通过服务技术的实施和应用，利用服务提供主体的能力、资源等来满足服务消费主体的需求。服务目标指导并度量服务计算的过程。

（3）服务载体是服务计算过程的重要支撑：服务计算一方面服务于服务提供主体，使其能更好地基于服务技术实现服务的封装、发布、运维与管理；另一方面也服务于服务消费主体，使其能方便地进行服务的查询、发现和应用等。双方的交互通过服务载体这一桥梁建立服务关系，并通过在载体上的交互完成服务过程。

综上所述，服务计算是以服务及其价值提供为核心来构造、部署和运维，能求解实际问题的计算机应用。

1.3.3　Web 服务与服务计算的关系

服务计算是现代服务业的支撑，意指采用自治、开放、自描述、与实现无关的网络化构件来构造软件系统，完成计算任务，同时以按需服务、按用付费的商业模式实现服务提供者和消费者价值体验过程的计算方式。Web 服务是采用 Web 方式访问的网络化构件，是服务计算的具体实现技术和落地手段。

Web 服务是一个平台独立的、低耦合的、自包含的、基于可编程的 Web 的应用程序，可使用开放的 XML（标准通用标记语言下的一个子集）标准来描述、发布、发现、协调和配置这些应用程序，用于开发分布式的互操作的应用程序。

Web 服务技术能使得运行在不同机器上的不同应用无须借助附加的、专门的第三方软件或硬件，就可相互交换数据或集成。依据 Web 服务规范实施的应用之间，无论它们所使用的语言、平台或内部协议是什么，都可以相互交换数据。Web 服务是自描述、自包含的可用网络模块，可以执行具体的业务功能。Web 服务也很容易部署，因为它们基于一些常规的产业标准以及已有的技术，诸如标准通用标记语言下的子集 XML、HTTP。Web 服务减少了应用接口的花费。Web 服务为整个企业甚至多个组织之间的业务流程的集成提供了一个通用机制。

服务计算以学科形式存在于计算领域，目前我国软件工程一级学科下属的二级学科有软件服务工程，即主要研究面向软件服务的理论、方法、技术与应用。软件服务工程也是服务计算的重要技术领域。

（1）国际上，2003 年，IEEE Computer Society 成立服务计算技术委员会（Technical Committee on Services Computing）；

（2）2004 年，首届服务计算国际会议 SCC 在上海召开，服务计算作为一个新的学科领域正式引起学术界的关注；

（3）2008 年，IEEE Transactions on Services Computing（TSC）正式发刊，标志着服务计算研究领域真正升级到相对主流的研究方向；

（4）2008 年，服务计算知识体系正式在 ACM 发布，第一次明确了服务计算研究的主题和边界。该主题涵盖了服务计算的 14 大类研究主题。

（5）2010 年，中国计算机学会（CCF）正式成立了服务计算专委会，每年都举办全国服务计算学术会议；

（6）2018 年起，国家自然基金委新设立了服务计算的独立申报代码（F020210）。

"服务"所体现出来的以顾客满意度为中心、无处不在/无时不在的服务、关注业务价值等思想，对传统软件产业产生了深远影响。如今软件的架构、发布与使用方式正在发生颠覆性变化，软件与服务相关技术相互融合，利用信息技术提升现代服务产业已成为社会发展的主要推动力之一。

软件和资源使用是以走进云基础设施，以服务的形式为消费者所用。服务成为接入和放大各类基础设施能力的基本途径，服务计算成就资源共享价值。大数据研究中的分析及服务（AaaS），以及云计算中最常提到的软件即服务（SaaS）、平台即服务（PaaS）、基础设施即服务（IaaS）中最核心的就是服务，而近年来服务计算相关研究也多涉及基础设施上的资源共享和应用集成。"软件即服务（SaaS）""大服务：资源即服务"，充分利用网上可用软件资源，随需而变、协作应变，满足个性化多元化分布式涉众用户服务需求。我们正在走向面向服务的软件工程（SOSE）时代。

1.4　Web服务应用例子

目前，有一些服务提供商在线提供 Web 服务调用。服务调用分为免费服务和收费服务。比如：服务提供商 WebXml，其主网站为 http：//www.webxml.com.cn。

注意：WebXml 主网站目前只提供相关服务内容介绍（图 1-7），Web 服务具体调用主机由 http：//webservice.webxml.com.cn 改为 http：//ws.webxml.com.cn 。如天气预报 Web 服务：http：//webservice.webxml.com.cn/WebServices/WeatherWS.asmx 改为 http：//ws.webxml.com.cn/WebServices/WeatherWS.asmx 。

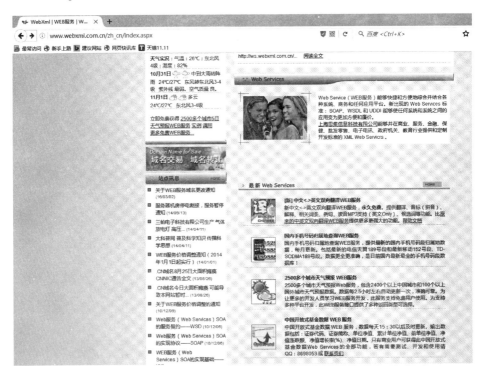

图 1-7　提供 Web 服务调用的 WebXml 网站

下面，以 WebXml 提供的服务调用为例，举例如何在 .NET 环境下使用 Web 服务。具体步骤如下。

（1）首先，找到一个提供 QQ 在线状态查询的 Web 服务的网站（图 1-8）：

http://ws. webxml. com. cn/webservices/qqOnlineWebService. asmx。

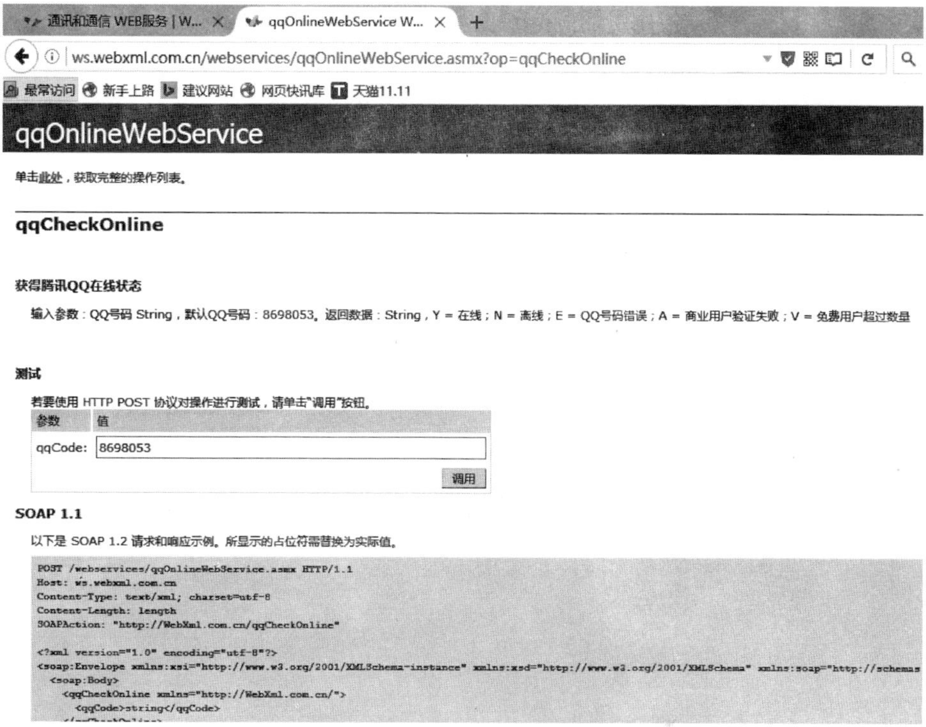

图 1-8　在浏览器中测试 QQ 在线状态查询的 Web 服务

（2）测试该服务。

（3）打开 VS2010，创建一个控制台应用程序 QQOnline。

鼠标右键单击项目名称 QQOnline，在弹出菜单中选择【添加服务引用】，在对话框的【地址】输入上述 web 服务地址，单击【前往】按钮。稍等链接成功，在【服务】列表框就会列出请求结果。

修改【命名空间】值为 QQOnlineQuery，单击【确定】

（4）修改控制台程序中 Program. cs 的代码。

Program. cs 文件内容：

```
using System;
using System. Collections. Generic;
using System. Linq;
using System. Text;
namespace QQOnline
{
    class Program
```

```
    {
        static voidMain(string[] args)
        {
            QQOnlineQuery.qqOnlineWebServiceSoapClient onlineQuery =
                new QQOnlineQuery.qqOnlineWebServiceSoapClient();

            Console.Write("请输入您要查询的 QQ 号码:");
            string inputQQ = Console.ReadLine();
            string status = onlineQuery.qqCheckOnline(inputQQ);
            PrintStatus(status);
            Console.ReadLine();  //程序暂停,等待用户回车确认
        }
static void PrintStatus(string status)
        {
            switch (status)
            {
                case "Y":
                    Console.WriteLine("在线");
                    break;
                case "N":
                    Console.WriteLine("离线");
                    break;
                case "E":
                    Console.WriteLine("QQ 号码错误");
                    break;
                case "A":
                    Console.WriteLine("商业用户验证失败");
                    break;
                case "V":
                    Console.WriteLine("免费用户超过数量");
                    break;
            }
        }
    }
}
```

（5）单击工具栏中的【启动调试】，运行程序即可。

（6）输入 QQ 号码，显示是否在线情况。

1.5 基于 Web 服务的应用集成

企业应用集成（Enterprise Application Integration，EAI）通过将企业业务流程、软件、标准以及硬件结合起来，是对组织中完成不同业务功能的应用系统进行集成，在它们之间建立起可供数据交流和应用沟通的中枢系统，使用户可以透明地访问各个不同应用程序，展现给用户的数据仿佛来自于一个统一的数据源，这样就能使两个或更多的企业应用系统之间实现无缝集成，使它们就像一个整体一样进行业务信息处理和信息共享。

服务计算领域顶级会议 ICSOC2013 在 2013 年 11 月 3 日由 Carlo Ghezzi 发表的大会主题演讲题目为 "Surviving in a world of change：Towards evolvable and self-adaptive service-oriented systems"，旨在关注面向服务构建系统中的自适应性，指出服务系统的自适应性研究是推动软件技术发展的主要挑战。2014 年 11 月 3 日举办的 IOSOC2014 的论文集前言同样强调指出 "服务适应动态环境要求的服务变化管理是一个核心、关键研究主题"。

目前基于服务的软件生产方法通常流程为：服务提供者生产服务资源→发布服务→服务消费者选择服务→服务聚合（按需服务资源绑定、组合），类似瀑布模型或自顶向下与自下向上中间对齐的混合模式（图 1-9），缺乏运行时例外处理和服务再聚合迭代过程考虑。基于服务的软件生产方法只是一个从需求出发聚合服务资源的单向渠道，用户与服务资源缺乏直接联系，没有从需求出发，直接对接服务系统的自适应机制，以克服运行时各种例外和应对客观存在的服务资源不足、上下文环境（Context）变化问题（图 1-9 中的 "问号"）。这些问题都是基于 Web 服务的应用集成需要认真考虑的。

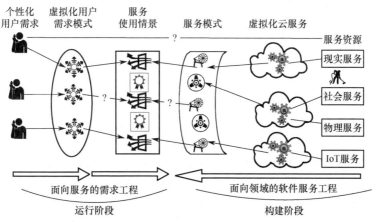

图 1-9 基于服务的软件生产方法及问题

1.5.1　应用集成概述

按不同视角可将 EAI 划分为不同的集成层次。按集成层次的范围划分，企业应用集成可以分为企业内应用集成和不同企业之间应用集成。按集成层次的技术划分，从易到难，可以分为表示集成、数据集成、功能集成和业务流程集成 4 个层次。

（1）表示集成：表示集成是企业应用集成模式中最简单的。在这种集成范围下，实现对多种软件的集成一般是使用软件界面来完成的，形成一个新的、统一的显示界面是最终集成的结果。指导企业用户操作相关的技术动作是通过集成逻辑将现有的显示界面作为集成点来实现的，并在用户的操作与相应软件之间进行通信，最终产生的结果是将不同的软件部件综合、全面地表现出来。表示集成的基本原理如图 1-10 所示。

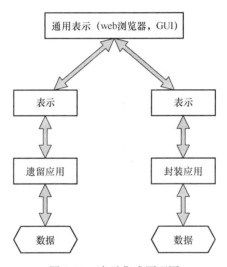

图 1-10　表示集成原理图

（2）数据集成：数据集成模式的基本思想是对各种软件组件的数据存取进行集成。数据级集成常常是应用集成的起点。数据级集成使不同的应用程序能够对共享数据进行访问，还允许数据在不同的数据存储之间移动。这样，用户在存取数据时就可以绕过相应的应用程序，直接获取软件所创建并存储的相应信息。最终实现数据在应用程序之间的重用和同步数据集成的基本原理图如图 1-11 所示。

数据集成存在的关键问题涉及：协调不同数据库的数据模式、协调不同数据元素的含义等。如果数据集成相应的数据模型发生变化，那么之前的集成就会被破坏。因此当企业不断变化业务逻辑时，数据集成无法很好地适应，同时直接对企业的核心数据进行访问也可能造成数据安全的问题。

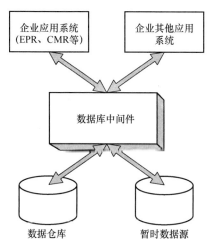

图 1-11　数据集成原理图

（3）功能集成：功能集成是在代码级别上实现应用的集成，通过使用系统对象或代码逻辑等方式实现对应用系统的集成。功能集成原理如图 1-12 所示。比起在应用程序中创建新的逻辑，重用现有逻辑实现无疑是一种更有效的方法，而且对于每个应用的访问是可定制的，其中包括了应用的语义和行为特性等方面。功能集成的基本方式是使用应用编程接口（API）来实现集成。功能集成利用各应用发布的对象模型、消息格式、数据库模式等来集成应用，并用组件技术（如 CORBA、.NET 或 J2EE）来包装（Wrap）遗留系统（Legacy Systems），利用包装器技术来屏蔽遗留系统的内部实现，通过使用包装器响应用户的请求、将请求转发给遗留系统并最终通过包装器将处理结果返回给用户，以及用它们的组件接口来连接组件，最终实现对遗留应用系统功能的集成。

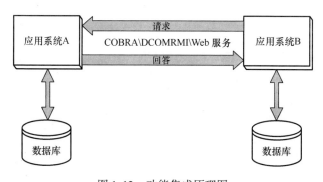

图 1-12　功能集成原理图

功能集成存在的关键问题：协调不同应用的数据模型，以及如何解决"目前大多数套装应用（Packaged Applications）仅提供了初步的集成设施"问题。这种形式的集成一般都是指集成套装应用。组件模型之间的集成（如集成 CORBA 与 .NET，或者 J2EE 与 .NET 等）将是个难题。

按照其所用技术的不同，功能集成可以继续细分为以下几个方面，包括面向消息的中间件、分布式对象技术，以及 Web 服务技术等。下面对关键技术方面进行简要描述。

（1）面向消息的中间件（MOM）：通过在新旧版本的应用软件、不同平台的应用软件之间进行消息传递来实现集成。通过"在应用间交换消息"来构建集成，这些消息（Messages）通常代表了一个应用中发生的事务，需要将他们可靠地传递到其他应用。基于消息队列的通信如图 1-13 所示。

图 1-13　基于消息队列的通信

MOM 存放消息，并负责将消息投递到目标系统。对于消息的中间件来说，存在的关键问题涉及：在应用数据（Application Data）与消息（Messages）间作相互转换，转换不同应用所采用的不同消息格式。

图 1-14 所示为基于发布/订阅的消息传递的工作机理。发布/订阅的消息传递中，有多个消息发布者、消息订阅者，发布者发布消息，订阅者订阅特定主题的消息，此外还有一个分离的发布–订阅集成点，发布者与接收者通过集成点获取消息。具体实现方案如 RSS、ATOM 等协议。

图 1-14　基于发布/订阅的消息队列

（2）分布式对象技术（DOT）：将面向对象概念应用在中间件技术中。在 DOT 中的一个个分布式对象就是各个不同的应用系统，在知道了这些应用对外公开的接口的基础上，通过一定的方法直接远程调用（Remote Procedure Call，RPC）这些应用，就能屏蔽应用系统具体的内部结构及编程语言，最终实现了跨平台的操作，进而将这些应用系统组合成为一个逻辑整体。这种技术的应用比较广泛，主要产品有 OMG 的 CORBA、Microsoft 的 DCOM，以及 SUN 的 J2EE 等。

（3）Web 服务：功能集成方式的最新技术，是基于 XML 的分布式技术，用于在 Internet 或 Intranet 上通过基于 XML 的标准协议来展现企业内部的应用服务。创建不与某一数据库、套装应用、抽象的或组件模型相关的业务服务（Business Services），并在集成系统时将这些服务作为构件。Web 服务中的一些基于标准的技术，使面向服务的概念得到了具体的实现。其通常需要一种成熟的集成架构（即一种面向服务的架构），以实现服务接口与下层实现的明确分离。

（4）业务流程集成：业务流程集成是一种更高级的面向过程集成，通过集成实现企业商业流程的管理。通过集成现有 IT 资产（IT Assets）（比如数据、组件、应用和服务等）来创建新的业务流程（Business Process）。业务流程集成产生了跨越多个应用的业务流程层，进行业务流程集成需要创建描述基本功能的分布式组件，并通过使用一些更高层的中间件来表现业务流程集成。这种形式的集成将业务流程的定义和管理显式地与特定应用分离开，因此功能集成是业务流程集成的前提与基础。通常需要各个机构在业务流程上达成一致，而且还需要一个成熟的集成基础设施（Integration Infrastructure），以便对现有 IT 资产（IT Assets）进行良好的集成。

在上述几种集成方式中，功能集成从某种意义上通过功能接口涵盖了对数据的集成并对集成系统提供了良好的安全性，同时功能集成也是业务流程集成的基础，因此功能集成的方式自然成为业界关注的焦点。如何对遗留系统进行合理的功能集成，已成为企业应用系统集成的关键。

1.5.2　基于 Web 服务的应用集成

在应用集成领域，传统的分布式对象技术解决方案有其自身的优势，然而也存在着以下不足。

（1）在技术方面存在一定缺陷：CORBA 虽然成功地定义了一种语言无关的通信方式，但却是由供应商实现对象请求代理（ORB）协议的任务，这就有可能被企业防火墙阻止 ORB 通信；RMI 的实现需要通信的两端都有 Java 运行环境；DCOM 依赖于严格的软件环境，所有参与该分布式应用程序的节点都必须得到 Windows 系统的支持。DCOM 和 CORBA 在客户机对服务器通信方面都存在严重的缺陷。

（2）互操作性差：两个采用不同技术（如 CORBA 和 DCOM）的系统必须创建一个翻译层才可以进行信息交换。传统集成方案大多是紧耦合的模式，这种集成模式的结果缺乏灵活性和扩展性，不利于业务流程的调整和重组。

（3）缺乏统一的工业标准支持：传统的企业应用集成往往使用不同厂商提供的不同集成引擎，他们使用各自的技术、适配器来集成系统或者连接数据源。这就大大限制了平台的无关性，降低了其通用性以及可移植性。

（4）体系结构的可扩展性差：传统的企业应用集成系统自适应性、可实施性，通用性比较差。当新的应用部署需要考虑新的接口开发时，应用的每次更新都必须完成众多复杂接口的升级，需要大量的后期工作。

（5）技术会导致安全风险：CORBA 和 DCOM 都要求在防火墙上开放特定端口，以传送它们的消息（都是二进制的，而不是 ASCII 文本），这个防火墙的漏洞很可能被黑客利用，破坏防火墙，盗取企业内部信息。

为应对以上技术缺陷，Web 服务技术作为分布式技术的升级版闪亮登场（图 1-15）。Web 服务本身就是服务作为应用开发的基本元素，为跨平台、松散耦合的异构应用提供了一种新的计算模式。服务计算的松耦合特征也使得企业 IT 架构不仅可以有效保护已有投资，促进遗留系统的复用，而且可以支持随需应变的敏捷性和先进的软件外包管理模式。企业在把其关键功能服务化后，可以使企业间的电子商务以更高效、灵活的方式开展。

图 1-15　Web 服务技术是分布式计算的升级版

关于 Web 服务用于应用集成，常见的设计原则如下。

（1）无状态。避免服务请求者依赖于服务提供者的状态。

（2）单一实例。避免功能冗余。

（3）明确定义的接口。Web 服务的接口由 WSDL 定义，用于指明服务的公共接口与其内部专用实现之间的界线。WS-Policy 用于描述服务规约，XML 模式（Schema）用于定义所交换的消息格式（即服务的公共数据）。使用者依赖服务规约来调用服务，所以服务定义必须长时间稳定，一旦公布，不随意更改；服务的定义应尽可能明确，减少使用者的不适当使用；不要让使用者看到服务内部的私有数据。

（4）自包含和模块化。服务封装了在业务上稳定、重复出现的活动和组件，实现服务的功能实体是完全独立自主的，独立进行部署、版本控制、自我管理和恢复。

（5）粗粒度。服务数量不应该太大，依靠消息交互而不是远程过程调用（RPC），通常消息量比较大，但是服务之间的交互频度较低。

（6）服务之间的松耦合性。服务使用者看到的是服务的接口，其位置、实现技术、当前状态等对使用者是不可见的，服务私有数据对服务使用者是不可见的。

（7）重用能力。服务应该是可以重用的。

（8）互操作性、兼容和策略声明。为了确保服务规约的全面和明确，策略成为一个越来越重要的方面。这可以是技术相关的内容，比如一个服务对安全性方面的要求；也可以是跟业务有关的语义方面的内容，比如需要满足的费用或服务级别方面的要求，这些策略对于服务在交互时是非常重要的。WS-Policy 用于定义可配置的互操作语义，来描述特定服务的期望，控制其行为。在设计时，应该利用策略声明，确保服务期望和语义兼容性方面的完整和明确。

正是由于 Web 服务具备以上基因，其无状态、非连接、跨平台互操作等特征非常适合当今互联网时代背景下的应用集成。

1.6　本书的组织结构

通过 Web 服务开发技术的学习，期望读者首先能够掌握服务计算的基础理论，包括服务的基本概念、SOA 设计原则、SOA 参考架构和 SOA 技术体系等知识。在此基础上掌握 SOA 的相关技术，包括 Web 服务技术基础、Web 服务实现技术、Web 服务高级技术、基于 SOA 的业务流程建模等技术。在掌握理论与技术的基础上，熟悉 SOA 应用开发技术，包括 SOA 开发方法、SOA 技术体系、基于 Eclipse 的 Web 服务开发等。

本书内容分为 9 大模块，以章节形式编写，其内容和组织逻辑如下（图 1-16）。

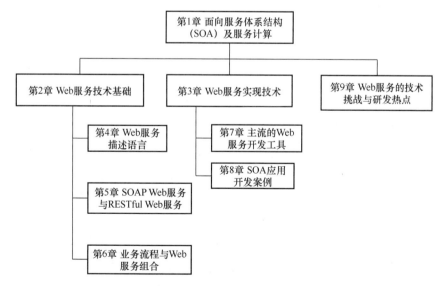

图 1-16　本书的章节及组织结构关系

第 1 章从服务和服务计算概念开始，阐述面向服务体系结构（SOA），说明云计算和大数据时代，基于服务的软件开发已经成为主流技术；详细介绍了 SOA 技术体系，通过 Web 服务应用例子和 Web 应用集成引入服务计算思维。

第 2 章着重介绍 Web 服务技术基础，剖析 Web 服务基本工作原理，阐述实现一个完整的 Web 服务体系需要有一系列协议来规范和支撑，重点讲解 Web 服务协议栈，同时介绍了其他 Web 服务应用技术。

第 3 章聚焦 Web 服务实现技术，阐述常用的 Web 服务实现方法，重点讲解 .NET 和基于 Java 环境这两个平台的开发流程、运行环境和常用相关应用工具的使用。

第 4 章介绍 Web 服务的说明书——Web 服务描述语言，以 WSDL 语言为例，详细讲解 WSDL 文档结构、WSDL SOAP 绑定以及 WSDL 在 Web 服务开发中的作用。

第 5 章围绕日前 Web 服务开发的两个技术体系——SOAP Web 服务与 RESTful Web 服务，阐述了两种技术体系的实现原理、功能、开发方法、案例、使用优缺点，以及各自技术体系未来的发展趋势。

第 6 章聚焦业务流程与 Web 服务组合，详细阐述流程与服务组合的相关概念和关联关系，介绍基于 SOA 的业务流程下的服务组合、常用服务组合的编排语言 BPEL，学会基于服务组合引擎 APACHE ODE 的服务组合应用方法。

第 7 章是主流的 Web 服务开发工具，通过软件工具助力开发效率引入三大主流平台 Web 服务开发工具的概念、使用方法与步骤，介绍了 IBM SCA/SDO 的 Web 服务开发流程，主要掌握 .NET 和 Java 平台下 Web 服务开发工具的的应用。

第 8 章选取 SOA 应用开发案例的描述、设计、表示，通过几个典型案例分别讲解了如何在相关平台下分析、设计开发 Web 服务应用。

第 9 章通过服务计算相关技术挑战和研发热点领域的介绍，了解服务计算的新定义、新框架，智能服务的基础和目标，Web 服务发现与选择，运行时服务异常处理等最新技术发展动态。

练习题

一、思考题

1. 结合本章内容，阐述面向服务架构与服务应用的意义与应用价值。

2. SOA 的主要角色是什么？角色之间如何交互？

3. WSDL、UDDI 和 SOAP 是 SOA 技术体系的基础部件，它们之间是什么关系？

4. 从服务是可访问构件的本质出发，如何定义服务和 Web 服务？

5. 基于服务的软件生产方法存在哪些问题？如何从基于 Web 服务的应用集成方面着手解决？

6. Web 服务用于应用集成，常见的设计原则有哪些？

7. Web 服务和服务计算是什么关系？Web 服务与 Web 服务器的区别？

二、单项选择题

1. 下面_____不是使用 Web 服务的优点。

A. Web 服务是一种优秀的分布式计算技术

B. Web 服务可以轻松地穿越防火墙

C. Web 服务使用的消息协议 SOAP 非常简单

D. Web 服务使数据更加分散，保证了数据的安全性

2. 以下选项中，_____不是 Web 服务使用的技术。

A. XML　　　　　B. SOAP　　　　　C. WSDL　　　　　D. FTP

3. 下面_____不是适合 Web 服务应用的场景。

A. 银行提供的网上支付的接口

B. 货运公司提供的查询运单信息的功能

C. 企业网站的产品管理功能

D. 企业人力资源 HR 系统中的员工信息功能

三、应用题

1. 参考课程应用实例，利用自己熟悉的开发环境和编程语言，开发一个具备一定功能的 Web 服务，并且远程调用此服务的方法。

2. 在 Internet 中找一个提供免费天气预报的 Web 服务，在浏览器中查询当前最新的当地天气预报信息。

第 2 章

Web 服务技术基础

本章学习目标：

通过本章的学习，了解 Web 服务技术协议体系全貌，充分认识 Web 服务三大基础协议 HTTP、SOAP 和 UDDI 的研究内容、理论基础和应用领域，掌握 XML 的解析方法，并了解 Web 服务技术的发展趋势。

本章要点：

- Web 服务协议栈的内容；
- 超文本传输协议（HTTP）的工作原理；
- SOAP 的研究范畴及应用领域；
- UDDI 的定义与功能；
- XML 的基本特点；
- XML 文档的解析方法；
- 其他 Web 服务应用技术。

SOA 是互联网时代的主流软件体系架构，Web 服务是 SOA 的具体落地技术，其"服务"的思想深入人心，并逐步取代软件，软件就是服务。尽管 SOA 有诸多优势，尽管目前 IT 巨头们也在有意无意地使用类 SOA 体系开发一些应用系统，但要真正应用和实现 SOA，还有很多急需解决的问题和面临的技术难题。

本章面向 Web 服务开发，全面陈述其基本技术基础，涉及整个 Web 服务协议栈。

2.1 Web 服务协议栈

要实现一个完整的 Web 服务体系需要有一系列的协议来规范和支撑，图 2-1 所示为当前投入使用的 Web 服务协议栈。

网络层是 Web 服务协议栈的基础，目前 Web 服务主流的网络层传输协议是超文本传输协议（HTTP）；数据表现层描述了整个 Web 服务中，用于交换的数据或信息；数据模型层定义了 Web 服务中数据结构的元数据。在数据模型层上是基于 XML 的消息层，使用的是消息协议（SOAP）。服务描述层为调用 Web 服务提供了具体的方法，采用的规范是 WSDL，它包括服务实现和服务接口两个方面的描述。服务发现层定义了如何通过 UDDI 发布和发现服务的过程。图 2-1 中未涉及的服务工作流层针对的是面向多个服务组合的商务流程建模和工作流，采用的标准是 WSFL。尽管不同的标准化组织、厂商由于对 Web 服务的认识略有不同，所给出的 Web 服务的协议栈也不尽相同，但在一些基本的方面还是相同的。比如以 XML 作为数据的格式，采用 SOAP 作为传输协议，采用 UDDI 作为服务注册者的实现规范，采用 WSDL 描述 Web 服务等。

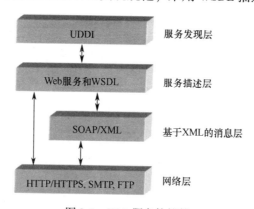

图 2-1　Web 服务协议栈

2.2　超文本传输协议（HTTP）

HTTP（Hypertext Transfer Protocol），即超文本传输协议，是互联网上应用最为广泛的一种网络传输协议，是 WWW 浏览器和 WWW 服务器之间的应用层通信协议。所有的 WWW 文件都必须遵守这个标准，Web 服务也不例外。正如第 1 章所述：Web 服务本质就是通过 HTTP 方式来调用的构件，HTTP 协议作为 Web 服务的传输承载协议，具有轻松穿越一般防火墙（HTTP 端口 80 常开）、无连接、无状态的天然特性，成就了 Web 服务。

2.2.1　HTTP 的特点

1960 年，美国人 Ted Nelson 构思了一种通过计算机处理文本信息的方法，并称之为超文本（Hypertext），这成为了 HTTP 超文本传输协议标准架构的发展根基。Ted Nelson 组织协调万维网协会（World Wide Web Consortium）和互联网工程工作小组（Internet Engineering Task Force）共同合作研究，最终发布了一系列的 RFC，其中著名的 RFC 2616 定义了 HTTP 1.1 这个今天普遍使用的版本。

（1）HTTP 是一个用于在客户端和服务器间请求和应答的协议。

一个 HTTP 的客户端，诸如一个 Web 浏览器，通过建立一个到远程主机特殊端口（默认端口为 80）的连接，初始化一个请求。一个 HTTP 服务器通过监听特殊端口等待客户端发送一个请求序列，就像 "get / http/1.1"（用来请求网页服务器的默认页面），有选择地接收像 Email 一样的 MIME 消息，此消息中包含了大量用来描述请求各个方面的信息头序列，响应一个选择的保留数据主体。接收到一个请求序列后（如果要的话，还有消息），服务器会发回一个应答消息，诸如 "200 ok"，同时发回一个它自己的消息，此消息的主体可能是被请求的文件、错误消息或者其他的信息。

（2）HTTP 协议是基于 TCP/IP 之上的协议，它不仅保证正确传输超文本文档，还确定传输文档中的哪一部分，以及哪一部分内容首先显示（如文本先与图形）等。

设计 HTTP 最初的目的是为了提供一种发布和接收 HTML 页面的方法。目前的应用除了 HTML 网页外还被用来传输超文本数据，例如：图片、音频文件（MP3 等）、视频文件（rm、avi 等）、压缩包（zip、rar 等）等。基本上，只要是文件数据均可以利用 HTTP 进行传输。

HTTP1.0 和 HTTP1.1 都把 TCP 作为底层的传输协议。HTTP 客户首先发起建立与服务器 TCP 连接。一旦建立连接，浏览器进程和服务器进程就可以通过各自的套接字来访问 TCP。如前所述，客户端套接字是客户进程和 TCP 连接之间的"门"，服务器端套接字是服务器进程和同一 TCP 连接之间的"门"。客户往自己的套接字发送 HTTP 请求消息，也从自己的套接字接收 HTTP 响应消息。类似地，服务器从自己的套接字接收 HTTP 请求消息，也往自己的套接字发送 HTTP 响应消息。客户或服务器一旦把某个消息送入各自的套接字，这个消息就完全落入 TCP 的控制之中。TCP 给 HTTP 提供一个可靠的数据传输服务，这意味着由客户发出的每个 HTTP 请求消息最终将无损地到达服务器，由服务器发出的每个 HTTP 响应消息最终也将无损地到达客户。我们可从中看到分层网络体系结构的一个明显优势——HTTP 不必担心数据会丢失，也无需关心 TCP 从数据的丢失和错序中恢复出来的细节。这些是 TCP 和协议栈中更低协议层的任务。

TCP 还使用一个拥塞控制机制，该机制迫使每个新的 TCP 连接一开始以相对缓慢的速率传输数据，然而只要网络不拥塞，每个连接可以迅速上升到相对较高的速率。这个慢速传输的初始阶段称为缓启动（Slow Start）。

2.2.2　HTTP 的技术架构

HTTP 是一个客户端和服务器端请求和应答的标准（TCP）。客户端是终端用户，服务器端是网站。通过使用 Web 浏览器、网络爬虫或者其他的工具，客户端发起一个到服务器上指定端口（默认端口为80）的 HTTP 请求。这个客户端称为用户代理（User Agent）。应答的服务器上存储着（一些）资源，比如 HTML 文件和图像。应答服务器为源服务器（Origin Server）。在用户代理和源服务器中间可能存在多个中间层，比如代理、网关，或者隧道（Tunnels）。尽管 TCP/IP 协议是互联网上最流行的应用，HTTP 协议并没有规定必须使用它和它支持的层。事实上，HTTP 可以在任何其他互联网协议上，或者在其他网络上实现。HTTP 只假定（其下层协议提供）可靠的传输，任何能够提供这种保证的协议都可以被其使用（图 2-2）。

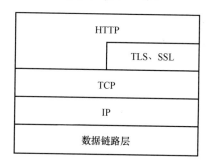

图 2-2　HTTP 在 TCP/IP 协议中的地位

通常，由 HTTP 客户端发起一个请求，建立一个到服务器指定端口（默认是80端口）的 TCP 连接。HTTP 服务器则在端口监听客户端发送过来的请求。一旦收到请求，服务器（向客户端）发回一个状态行，比如"HTTP/1.1 200 OK"，和（响应的）消息，消息的消息体可能是请求的文件、错误消息或者其他信息。HTTP 使用 TCP 而不是 UDP 的原因在于（打开）一个网页必须传送很多数据，而 TCP 协议提供传输控制，按顺序组织数据和错误纠正。

通过 HTTP 或者 HTTPS 协议请求的资源由统一资源标示符（Uniform Resource Identifiers）（或者，更准确一些，URL）来标识。

1. 协议功能

HTTP 协议是用于从 WWW 服务器传输超文本到本地浏览器的传输协议。它可以使浏览器更加高效，使网络传输减少。它不仅保证计算机正确快速地传输超文本文档，还确定传输文档中的哪一部分，以及哪部分内容首先显示（如文本先于图形）等。

HTTP 是客户端浏览器或其他程序与 Web 服务器之间的应用层通信协议。

在 Internet 上的 Web 服务器上存放的都是超文本信息，客户机需要通过 HTTP 协议传输所要访问的超文本信息。HTTP 包含命令和传输信息，不仅可用于 Web 访问，也可以用于其他因特网/内联网应用系统之间的通信，从而实现各类应用资源超媒体访问的集成。

在浏览器的地址栏里输入的网站地址叫作统一资源定位符（Uniform Resource Locator，URL）。就像每家每户都有一个门牌地址一样，每个网页也都有一个 Internet 地址。当你在浏览器的地址框中输入一个 URL 或是单击一个超级链接时，URL 就确定了要浏览的地址。浏览器通过超文本传输协议（HTTP），将 Web 服务器上站点的网页代码提取出来，并翻译成漂亮的网页。

2. 协议基础

HTTP 用于传送 WWW 方式的数据，关于 HTTP 协议的详细内容请参考 RFC2616。HTTP 协议采用了请求/响应模型。客户端向服务器发送一个请求，请求头包含请求的方法、URL、协议版本以及包含请求修饰符、客户信息和内容的类似于 MIME 的消息结构。服务器以一个状态行作为响应，响应的内容包括消息协议的版本，成功或者错误编码加上包含服务器信息、实体元信息，以及可能的实体内容。

通常 HTTP 消息包括客户机向服务器的请求消息和服务器向客户机的响应消息。这两种类型的消息由一个起始行，一个或者多个头域，一个指示头域结束的空行和可选的消息体组成。HTTP 的头域包括通用头、请求头、响应头和实体头 4 个部分。每个头域由一个域名、冒号和域值三部分组成。域名是大小写无关的，域值前可以添加任何数量的空格符，头域可以被扩展为多行，在每行开始处，使用至少一个空格或制表符。

3. 通用 HTTP 报文头域

通用头域包含请求和响应消息都支持的头域，通用头域包含 Cache-Control、Connection、Date、Pragma、Transfer-Encoding、Upgrade、Via。对通用头域的扩展要求通信双方都支持此扩展，如果存在不支持的通用头域，一般会作为实体头域处理。下面简单介绍几个在 UPnP 消息中使用的通用头域。

1）Cache-Control 头域

Cache-Control 指定请求和响应遵循的缓存机制。在请求消息或响应消息中设置 Cache-Control 并不会修改另一个消息处理过程中的缓存处理过程。请求时的缓存指令包括 no-cache、no-store、max-age、max-stale、min-fresh、only-if-cached，响应消息中的指令包括 Public、Private、no-cache、no-store、no-transform、must-revalidate、proxy-revalidate、max-age。各个消息中的指令含义如下。

Public 指示响应可被任何缓存区缓存。

Private 指示对于单个用户的整个或部分响应消息，不能被共享缓存处理。

这允许服务器仅仅描述用户的部分响应消息，此响应消息对于其他用户的请求无效。

no-cache 指示请求或响应消息不能缓存。

no-store 用于防止重要的信息被无意地发布。在请求消息中发送将使得请求和响应消息都不使用缓存。

max-age 指示客户机可以接收生存期不大于指定时间（以秒（s）为单位）的响应。

min-fresh 指示客户机可以接收响应时间小于当前时间加上指定时间的响应。

max-stale 指示客户机可以接收超出超时期间的响应消息。如果指定 max-stale 消息的值，那么客户机可以接收超出超时期指定值之内的响应消息。

Keep-Alive 功能使客户端到服务器端的连接持续有效，当出现对服务器的后继请求时，Keep-Alive 功能避免了建立或者重新建立连接。市场上的大部分 Web 服务器，包括 iPlanet、IIS 和 Apache，都支持 HTTP Keep-Alive。对于提供静态内容的网站来说，这个功能通常很有用。但是，对于负担较重的网站来说，这里存在另外一个问题：虽然为客户保留打开的连接有一定的好处，但它同样影响了性能，因为在处理暂停期间，本来可以释放的资源仍旧被占用。当 Web 服务器和应用服务器在同一台机器上运行时，Keep-Alive 功能对资源利用的影响尤其突出。

KeepAliveTime 值控制 TCP/IP 尝试验证空闲连接是否完好的频率。如果这段时间内没有活动，则会发送保持活动信号。如果网络工作正常，而且接收方是活动的，它就会响应。如果需要对丢失接收方敏感，换句话说，需要更快地发现丢失了接收方，请考虑减小这个值。如果长期不活动的空闲连接出现次数较多，而丢失接收方的情况出现较少，可能需要提高该值，以减少开销。默认情况下，如果空闲连接 7200000ms（2h）内没有活动，Windows 就发送保持活动的消息。通常，1800000ms 是首选值，从而 1/2 的已关闭连接会在 30min 内被检测到。KeepAliveInterval 值定义了如果未从接收方收到保持活动消息的响应，TCP/IP 重复发送保持活动信号的频率。当连续发送保持活动信号，但未收到响应的次数超出 TcpMaxDataRetransmissions 的值时，会放弃该连接。如果期望较长的响应时间，可能需要提高该值，以减少开销。如果需要减少花在验证接收方是否已丢失上的时间，请考虑减小该值或 TcpMaxDataRetransmissions 值。默认情况下，在未收到响应而重新发送保持活动的消息之前，Windows 会等待 1000 ms（1 s）。KeepAliveTime 根据需要设置就行，比如 10min，注意，要转换成 ms。XXX 代表这个间隔值的大小。

2）Date 头域

Date 头域表示消息发送的时间，时间的描述格式由 rfc822 定义。例如，Date：Mon，31Dec200104：25：57GMT。Date 描述的时间表示世界标准时，换算成本地时间，需要知道用户所在的时区。

3）Pragma 头域

Pragma 头域用来包含实现特定的指令，最常用的是 Pragma：no-cache。在 HTTP/1.1 协议中，它的含义和 Cache-Control：no-cache 相同。

请求消息的第一行为下面的格式。

MethodSPRequest-URISPHTTP-VersionCRLFMethod 表示对于 Request-URI 完成的方法，这个字段是大小写敏感的，包括 OPTIONS、GET、HEAD、POST、PUT、DELETE、TRACE。方法 GET 和 HEAD 应该被所有的通用 WEB 服务器支持，其他所有方法的实现是可选的。GET 方法取回由 Request-URI 标识的信息。HEAD 方法也是取回由 Request-URI 标识的信息，只是可以在响应时，不返回消息体。POST 方法可以请求服务器接收包含在请求中的实体信息，可以用于提交表单，向新闻组、BBS、邮件群组和数据库发送消息。

SP 表示空格。Request-URI 遵循 URI 格式，在此字段为星号（＊）时，说明请求并不用于某个特定的资源地址，而是用于服务器本身。HTTP-Version 表示支持的 HTTP 版本，例如为 HTTP/1.1。CRLF 表示换行回车符。请求头域允许客户端向服务器传递关于请求或者关于客户机的附加信息。请求头域可能包含下列字段：Accept、Accept-Charset、Accept-Encoding、Accept-Language、Authorization、From、Host、If-Modified-Since、If-Match、If-None-Match、If-Range、If-Range、If-Unmodified-Since、Max-Forwards、Proxy-Authorization、Range、Referer、User-Agent。对请求头域的扩展要求通信双方都支持，如果存在不支持的请求头域，一般将会作为实体头域处理。

典型的请求消息如下：

```
Host: download. *******. de
Accept: */*
Pragma: no-cache
Cache-Control: no-cache
User-Agent: Mozilla/4.04 [en] (Win95; I; Nav)
Range: bytes =554554
```

上例第一行表示 HTTP 客户端（可能是浏览器、下载程序）通过 GET 方法获得指定 URL 下的文件。Accept 表示请求头域的信息，其余表示通用头部分。

1）Host 头域

Host 头域指定请求资源的 Internet 主机和端口号，必须表示请求 url 的原始服务器或网关的位置。HTTP/1.1 请求必须包含主机头域，否则系统会以 400 状态码返回。

2）Referer 头域

Referer 头域允许客户端指定请求 uri 的源资源地址，这可以允许服务器生成回退链表，可用来登陆、优化 cache 等。它也允许废除的或错误的连接由于维护的目的被追踪。如果请求的 uri 没有自己的 uri 地址，Referer 不能被发送。如果指定的是部分 uri 地址，则此地址应该是一个相对地址。

3）Range 头域

Range 头域可以请求实体的一个或者多个子范围，例如以下子范围

表示头 500 个字节：bytes = 0 – 499。

表示第二个 500 字节：bytes = 500 – 999。

表示最后 500 个字节：bytes = – 500。

表示 500 字节以后的范围：bytes = 500 – 。

第一个和最后一个字节：bytes = 0 – 0, – 1。

同时指定几个范围：bytes = 500 – 600, 601 – 999。

但是服务器可以忽略此请求头，如果无条件 GET 包含 Range 请求头，响应会以状态码 206（Partial Content）返回，而不是以 200（OK）。

4）User-Agent 头域

User-Agent 头域的内容包含发出请求的用户信息。

响应消息的第一行为下面的格式：

HTTP-VersionSPStatus-CodeSPReason-PhraseCRLF

HTTP-Version 表示支持的 HTTP 版本，例如为 HTTP/1.1。Status-Code 是一个 3 个数字的结果代码。Reason-Phrase 给 Status-Code 提供一个简单的文本描述。Status-Code 主要用于机器自动识别，Reason-Phrase 主要用于帮助用户理解。Status-Code 的第一个数字定义响应的类别，后两个数字没有分类的作用。第一个数字可能取 5 个不同的值。

（1）信息响应类，表示接收到请求并且继续处理；

（2）处理成功响应类，表示动作被成功接收、理解和接受；

（3）重定向响应类，为了完成指定的动作，必须接受进一步处理；

（4）客户端错误，客户请求包含语法错误或者不能正确执行；

（5）服务端错误，服务器不能正确执行一个正确的请求。

响应头域允许服务器传递不能放在状态行的附加信息，这些域主要描述服务器的信息和 Request-URI 进一步的信息。响应头域包含 Age、Location、Proxy-Authenticate、Public、Retry-After、Server、Vary、Warning、WWW-Authenticate。对响应头域的扩展要求通信双方都支持，如果存在不支持的响应头域，

一般将会作为实体头域处理。

典型的响应消息如下：

```
HTTP/1.0200OK
Date:Mon,31Dec200104:25:57GMT
Server:Apache/1.3.14(Unix)
Content-type:text/html
Last-modified:Tue,17Apr200106:46:28GMT
Etag:"aU30f020ac7c01:1e9f"
Content-length:39725426
Content-range:bytes =55******/40279980
```

上例第一行表示 HTTP 服务端响应一个 GET 方法。Date 和 Server 部分表示响应头域的信息，其余部分表示通用头部分，红色的部分表示实体头域的信息。

1）Location 响应头

Location 响应头用于重定向接收者到一个新 URI 地址。

2）Server 响应头

Server 响应头包含处理请求的原始服务器的软件信息。此域能包含多个产品标识和注释，产品标识一般按照重要性排序。

请求消息和响应消息都可以包含实体信息，实体信息一般由实体头域和实体组成。实体头域包含关于实体的原信息，实体头包括 Allow、Content-Base、Content-Encoding、Content-Language、Content-Length、Content-Location、Content-MD5、Content-Range、Content-Type、Etag、Expires、Last-Modified、extension-header。extension-header 允许客户端定义新的实体头，但是这些域可能无法被接受方识别。实体可以是一个经过编码的字节流，它的编码方式由 Content-Encoding 或 Content-Type 定义，它的长度由 Content-Length 或 Content-Range 定义。

1）Content-Type 实体头

Content-Type 实体头用于向接收方指示实体的介质类型，指定 HEAD 方法送到接收方的实体介质类型，或 GET 方法发送的请求介质类型。

2）Content-Range 实体头

Content-Range 实体头用于指定整个实体中的一部分的插入位置，它也指示了整个实体的长度。在服务器向客户返回一个部分响应时，它必须描述响应覆盖的范围和整个实体长度。一般格式如下：

Content-Range：bytes-unitSPfirst-byte-pos-last-byte-pos/entity-legth

例如，传送头 500 个字节次字段的形式为：Content-Range：bytes0-499/

1234，如果一个 http 消息包含此节（例如，对范围请求的响应或对一系列范围的重叠请求），Content-Range 表示传送的范围，Content-Length 表示实际传送的字节数。

3）Last-modified 实体头

Last-modified 实体头指定服务器上保存内容的最后修订时间。

例如，传送头 500 个字节次字段的形式为：Content-Range：bytes0-499/1234，如果一个 http 消息包含此节（例如，对范围请求的响应或对一系列范围的重叠请求），Content-Range 表示传送的范围，Content-Length 表示实际传送的字节数。

运作方式如下：

在 WWW 中，"客户"与"服务器"是一个相对的概念，只存在于一个特定的连接期间，即在某个连接中的客户在另一个连接中可能作为服务器。基于 HTTP 协议的客户/服务器模式的信息交换分为 4 个过程：建立连接、发送请求信息、发送响应信息、关闭连接。

HTTP 协议是基于请求/响应范式的。一个客户机与服务器建立连接后，发送一个请求给服务器，请求方式的格式为，统一资源标识符、协议版本号，后边是 MIME 信息，包括请求修饰符、客户机信息和可能的内容。服务器接到请求后，给予相应的响应信息，其格式为一个状态行包括信息的协议版本号、一个成功或错误的代码，后边是 MIME 信息包括服务器信息、实体信息和可能的内容。

其实简单说，就是任何服务器除了包括 HTML 文件以外，还有一个 HTTP 驻留程序，用于响应用户请求。浏览器是 HTTP 客户，向服务器发送请求，当浏览器中输入了一个开始文件或单击了一个超级链接时，浏览器就向服务器发送了 HTTP 请求，此请求被送往由 IP 地址指定的 URL。驻留程序接收到请求，在进行必要的操作后回送所要求的文件。在这一过程中，在网络上发送和接收的数据已经被分为一个或多个数据包（Packet），每个数据包包括：要传送的数据；控制信息，即告诉网络怎样处理数据包。TCP/IP 决定了每个数据包的格式。如果事先不告诉你，你可能不会知道信息被分成用于传输和再重新组合起来的许多小块。

2.2.3　HTTP 的工作原理

一次 HTTP 操作称为一个事务，其工作过程可分为如下 4 步：

（1）建立连接；

（2）发送请求信息；

（3）发送响应信息；

（4）关闭连接。

首先客户机与服务器需要建立连接。只要单击某个超级链接，HTTP 的工作就开始了。

建立连接后，客户机发送一个请求给服务器，请求方式的格式为：统一资源标识符（URL）、协议版本号，后边是 MIME 信息，包括请求修饰符、客户机信息和可能的内容。

服务器接到请求后，给予相应的响应信息，其格式为一个状态行，包括信息的协议版本号、一个成功或错误的代码，后边是 MIME 信息，包括服务器信息、实体信息和可能的内容。

客户端接收服务器所返回的信息通过浏览器显示在用户的显示屏上，然后客户机与服务器断开连接。

如果在以上过程中的某一步出现错误，那么产生错误的信息将返回客户端，由显示屏输出。对于用户来说，这些过程是由 HTTP 自己完成的，用户只要用鼠标单击，等待信息显示就可以了。

许多 HTTP 通信是由一个用户代理初始化的，并且包括一个申请在源服务器上资源的请求。最简单的情况可能是在用户代理和服务器之间通过一个单独的连接来完成。在 Internet 上，HTTP 通信通常发生在 TCP/IP 连接之上。默认端口是 TCP 80，其他的端口也是可用的，但这并不预示着 HTTP 协议在 Internet 或其他网络的其他协议之上才能完成。HTTP 只预示着一个可靠的传输。

这个过程就好像打电话订货一样，可以打电话给商家，告诉他我们需要什么规格的商品，然后商家再告诉我们什么商品有货，什么商品缺货。这些，我们是通过电话线用电话联系（HTTP 是通过 TCP/IP），当然也可以通过传真，只要商家那边也有传真。

HTTP 在 Web 服务技术体系中承担传输功能。如图 2-3 所示，Web 服务的请求或应答信息随同后文的 SOAP 包一起装载在 HTTP 报文中在 Internet 上传输。

图 2-3　HTTP 作为 Web 服务的传输承载协议

HTTP 协议的主要特点如下：

（1）支持客户/服务器模式。

（2）简单快速：客户向服务器请求服务时，只需传送请求方法和路径。

请求方法常用的有 GET、HEAD、POST。每种方法规定了客户与服务器联系的类型不同。由于 HTTP 协议简单，使得 HTTP 服务器的程序规模小，因而通信速度很快。

（3）灵活：HTTP 允许传输任意类型的数据对象。

（4）无连接：无连接的含义是限制每次连接只处理一个请求。

（5）无状态：HTTP 协议是无状态协议。

Web 服务本质就是通过 HTTP 方式调用的构件，HTTP 协议作为 Web 服务的传输承载协议，正是因为 HTTP 具有以上特点，特别是可以轻松穿越一般防火墙（HTTP 端口 80 常开）、无连接、无状态的天然特性，成就了 Web 服务。

2.3　可扩展标记语言 XML

可扩展标记语言 XML（eXtensible Markup Language），即标准通用标记语言的子集，是一种用于标记电子文件，使其具有结构性的标记语言。目前，XML 已经成为 Internet 上的标准数据描述语言。

在计算机中，标记指计算机所能理解的信息符号，通过此种标记，计算机之间可以处理包含的各种信息，比如文章等。它可以用来标记数据、定义数据类型，是一种允许用户对自己的标记语言进行定义的源语言。它非常适合万维网传输，提供统一的方法来描述和交换独立于应用程序或供应商的结构化数据。是 Internet 环境中跨平台的、依赖于内容的技术，也是当今处理分布式结构信息的有效工具。早在 1998 年，W3C 就发布了 XML1.0 规范，使用它来简化 Internet 的文档信息传输。

2.3.1　XML 的基本概念

XML 是标准通用标记语言（SGML）的子集（图 2-4）。1998 年 2 月，W3C 正式批准了可扩展标记语言的标准定义，可扩展标记语言可以对文档和数据进行结构化处理，从而能够在部门、客户和供应商之间进行交换，实现动态内容生成、企业集成和应用开发。可扩展标记语言可以使我们更准确地搜索、更方便地传送软件构件（例如 Web 服务），更好地描述一些事物（例如电子商务订单）。

（1）什么是可扩展标记语言？

- 可扩展标记语言是一种很像超文本标记语言的标记语言。
- 它的设计宗旨是传输数据，而不是显示数据。
- 它的标签没有被预定义，需要自行定义标签。
- 它被设计为具有自我描述性。

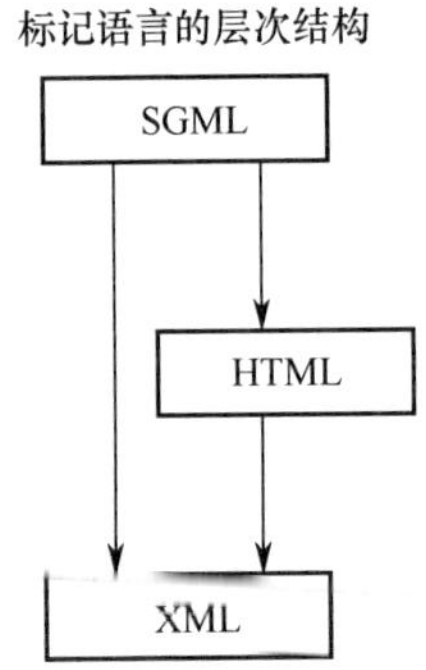

标记语言的层次结构

SGML

HTML

XML

图 2-4　标记语言的层次结构

- 它是 W3C 的推荐标准。

（2）可扩展标记语言和超文本标记语言之间的差异。

- 它不是超文本标记语言的替代。
- 它是对超文本标记语言的补充。
- 它和超文本标记语言为不同的目的而设计。
- 它被用来传输和存储数据，其焦点是数据的内容。
- 超文本标记语言被用来显示数据，其焦点是数据的外观。
- 超文本标记语言旨在显示信息，而它旨在传输信息。
- 对它最好的描述是：它是独立于软件和硬件的信息传输工具。

（3）可扩展标记语言是 W3C 的推荐标准。

XML 于 1998 年 2 月 10 日成为 W3C 的推荐标准。

（4）可扩展标记语言无所不在。

- 超文本标记语言。
- XML 是各种应用程序之间进行数据传输的最常用的数据描述工具。

XML 的基本特点见图 2-5。

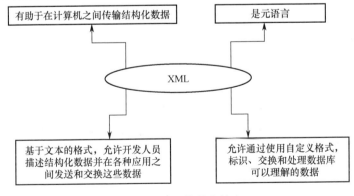

图 2-5　XML 的基本特点

2.3.2 XML 的语法

XML 去掉了之前令许多开发人员头疼的标准通用标记语言的随意语法。在 XML 中，采用了如下的语法规则（实例见图 2-6）：

图 2-6　遵循 XML 语法的数据描述

（1）任何起始标签都必须有一个结束标签。

（2）可以采用另一种简化语法，可以在一个标签中同时表示起始和结束标签。这种语法是在大于符号之前紧跟一个斜线（/），例如 < 百度百科词条/ >。XML 解析器会将其翻译成 < 百度百科词条 > </百度百科词条 >。

（3）标签必须按合适的顺序进行嵌套，所以结束标签必须按镜像顺序匹配起始标签，这好比是将起始和结束标签看作数学中的左右括号：在没有关闭所有的内部括号之前，是不能关闭外面括号的。

（4）所有的特性都必须有值。

（5）所有的特性都必须在值的周围加上双引号。

这些规则使得开发一个 XML 解析器要简便得多，而且也除去了解析标准通用标记语言中花在判断何时何地应用那些语法规则上的工作。仅仅在 XML 出现后的前 6 年就衍生出多种不同的语言，包括 MathML、SVG、RDF、RSS、SOAP、XSLT、XSL-FO，而同时也将 HTML 改进为 XHTML。

XML 能够以灵活有效的方式定义管理信息的结构。以 XML 格式存储的数据不仅有良好的内在结构，而且由于它是 W3C 提出的国际标准，因而受到广大软件提供商的支持，易于进行数据交流和开发。只要定义一套描述各项管理数据和管理功能的 XML 语言，用 Schema 对这套语言进行规定，并且共享这些数据的系统的 XML 文档遵从这些 Schema，那么管理数据和管理功能就可以在多个应用系统之间共享和交互。

所以，XML 作为数据描述语言（主要描述结构化数据），具有互操作特性。

2.3.3 解析 XML

XML 对格式的定义更为严格，并具有层次结构，处理起来更加容易。它是与厂商无关的标准，可以任选一个解析器来处理。解析 XML 即采用某种方法识别 XML 文件的各个部分，并将需要的信息从 XML 文件中提炼出来。

2.3.3.1 XML 解析方法之 DOM

XML DOM（XML Document Object Model）定义了访问和操作 XML 文档的标准方法。DOM 把 XML 文档作为树结构来查看，能够通过 DOM 树来访问所有元素，可以修改或删除它们的内容，并创建新的元素。

XML 文档中的元素，它们的文本，以及它们的属性，都被认为是节点。

在下面的例子中，使用 DOM 引用从 <to> 元素中获取文本：

xmlDoc. getElementsByTagName("to")[0]. childNodes[0]. nodeValue

（1）xmlDoc——由解析器创建的 XML 文档；

（2）getElementsByTagName("to")[0]——第一个 <to> 元素；

（3）childNodes[0]—— <to>元素的第一个子元素(文本节点)；

（4）nodeValue——节点的值(文本本身)。

下面以 JDOM 为例介绍利用 DOM 方式解析 XML 文件。

JDOM 是一种使用 XML 的独特 Java 工具包，用于快速开发 XML 应用程序。JDOM 在 2000 年的春天被 Brett McLaughlin 和 Jason Hunter 开发出来，以弥补 DOM 及 SAX 在实际应用中的不足之处。它的设计包含 Java 语言的语法乃至语义。JDOM 是一个开源项目，它基于树型结构，利用纯 JAVA 的技术对 XML 文档实现解析、生成、序列化以及多种操作。JDOM 直接为 JAVA 编程服务，它利用更为强有力的 JAVA 语言的诸多特性（方法重载、集合概念以及映射），把 SAX 和 DOM 的功能有效地结合起来。

JDOM 的特点如下：

（1）整体性地将数据加载到内存中，进行管理和维护；

（2）将数据整体性地保存到 XML 文件中；

（3）消耗内存，但数据处理效率高；

（4）和 DOM 类似，使用相同的原理处理 XML 数据；

（5）在 Java 开发群体中有十分广泛的应用，利用 JDOM 处理 XML 文档将是一件轻松、简单的事。

注意：JDOM 不是标准 XML 操作接口，需从网络上下载，解压后将 Jdom 类库 jdom. jar 添加到 classpath 环境变量中或导入（import）相关项目，后面的程序才能正常调试。

JDOM 是由以下几个包组成：

（1）org. jdom，包含了所有的 xml 文档要素的 java 类；

（2）org. jdom. adapters，包含了与 dom 适配的 java 类；

（3）org. jdom. filter，包含了 xml 文档的过滤器类；

（4）org. jdom. input，包含了读取 xml 文档的类；

（5）org. jdom. output，包含了写入 xml 文档的类；

（6）org. jdom. transform，包含了将 jdom xml 文档接口转换为其他 xml 文档接口；

（7）org. jdom. xpath，包含了对 xml 文档 xpath 操作的类。

JDOM 主要使用方法如下。

1. Ducument 类

（1）Document 的操作方法如下：

```
Element root = new Element("GREETING");
Document doc = new Document(root);
root. setText("Hello JDOM!");
```

或者简单地使用：

```
Document doc = new Document(new Element("GREETING"). setText("Hel-
lo JDOM! t"));
```

这点和 DOM 不同。Dom 则需要更为复杂的代码，如下：

```
DocumentBuilderFactory factory = DocumentBuilderFactory. newInst-
ance();
DocumentBuilder builder =factory. newDocumentBuilder();
Document doc = builder. newDocument();
Element root =doc. createElement("root");
Text text = doc. createText("This is the root");
root. appendChild(text);
doc. appendChild(root);
```

注意事项：JDOM 不允许同一个节点同时被 2 个或多个文档相关联，如果要在第 2 个文档中使用原来老文档中的节点，首先需要使用 detach（）把这个节点分开。

（2）从文件、流、系统 ID、URL 得到 Document 对象：

```
DOMBuilder builder = new DOMBuilder();
Document doc = builder. build(new File("jdom_test. xml"));
SAXBuilder builder = new SAXBuilder();
Document doc = builder. build(url);
```

在新版本中 DOMBuilder 已经去掉 DOMBuilder. builder（url），用 SAX 效率会比较高。

这里举一个小例子，为了简单起见，使用 String 对象直接作为 xml 数据源：

```
public jdomTest() {
    String textXml = null;
    textXml = "<note>";
    textXml = textXml +
        "<to>aaa</to><from>bbb</from><heading>ccc</head-
ing><body>ddd</body>";
    textXml = textXml + "</note>";
    SAXBuilder builder = new SAXBuilder();
    Document doc = null;
    Reader in = new StringReader(textXml);
    try {
      doc = builder.build(in);
      Element root = doc.getRootElement();
      List ls = root.getChildren();//注意此处取出的是 root 节点下面
      的一层的 Element
      for (Iterator iter = ls.iterator(); iter.hasNext(); ) {
        Element el = (Element) iter.next();
        if(el.getName().equals("to")){
         System.out.println(el.getText());
        }
      }
    }
    catch (IOException ex) {
      ex.printStackTrace();
    }
    catch (JDOMException ex) {
      ex.printStackTrace();
    }
  }
```

（3）DOM 的 document 和 JDOM 的 Document 之间相互转换使用方法，简单实用。

```
DOMBuilder builder = new DOMBuilder ();
org.jdom.Document jdomDocument = builder.build (domDocument);
```

```
DOMOutputter converter = new DOMOutputter (); // work with the
JDOM document…
org.w3c.dom.Document domDocument = converter.output (jdomDocu-
ment);
// work with the DOM document...
```

2. XML 文档输出

XMLOutPutter 类：JDOM 的输出非常灵活，支持很多种 IO 格式以及风格的输出。

```
Document doc = new Document(...);
XMLOutputter outp = new XMLOutputter();
outp.output(doc, fileOutputStream); // Raw output
outp.setTextTrim(true); // Compressed output
outp.output(doc, socket.getOutputStream());
outp.setIndent(" ");// Pretty output
outp.setNewlines(true);
outp.output(doc, System.out);
```

详细请参阅最新的 JDOM API 手册。

3. Element 类

1）浏览 Element 树

```
Element root = doc.getRootElement();//获得根元素 element
List allChildren = root.getChildren();//获得所有子元素的一个 list
List namedChildren = root.getChildren("name");//获得指定名称子元素的 list
Element child = root.getChild("name");//获得指定名称的第一个子元素
```

JDOM 给了很多很灵活的使用方法来管理子元素（这里的 List 是 java.util.List）。

```
List allChildren = root.getChildren();
allChildren.remove(3); //删除第四个子元素
allChildren.removeAll(root.getChildren("jack"));//删除叫"jack"的子元素
root.removeChildren("jack"); //便捷写法
allChildren.add(new Element("jane"));//加入
root.addContent(new Element("jane")); //便捷写法
allChildren.add(0, new Element("first"));
```

2）移动 Elements

```
Element movable = new Element("movable");
parent1.addContent(movable); // place
parent1.removeContent(movable); // remove
parent2.addContent(movable); // add
```

JDOM 的 Element 构造函数（以及它的其他函数）会检查 Element 是否合法。而它的 add/remove 方法会检查树结构，检查内容如下：

（1）在任何树中是否有回环节点；

（2）是否只有一个根节点；

（3）是否有一致的命名空间（Namespaces）。

3）Element 的 text 内容读取

```
<description>
A cool demo
</description>

// The text is directly available
// Returns "\n A cool demo \n"
String desc = element.getText();

// There's a convenient shortcut
// Returns "A cool demo"
String desc = element.getTextTrim();
```

4）Element 内容修改

```
element.setText("A new description");
```

4. 可正确解释特殊字符

```
element.setText("<xml> content");
```

5. CDATA 的数据写入、读出

```
element.addContent(new CDATA("<xml> content"));
String noDifference = element.getText();
```

element 可能包含很多种内容，比如：

```
<table>
<!-- Some comment -->
Some text
<tr>Some child element</tr>
</table>
```

取 table 的子元素 tr：

```
String text = table.getTextTrim();
Element tr = table.getChild("tr");
```

也可使用另外一个比较简单的方法：

```
List mixedCo = table.getContent();
Iterator itr = mixedCo.iterator();
while (itr.hasNext()) {
Object o = i.next();
if (o instance of Comment) {...}
//这里可以写成 Comment, Element, Text, CDATA, ProcessingInstruc-
tion, 或者是 EntityRef 的类型
}
//现在移除 Comment，注意这里游标应为1。由于回车键也被解析成 Text 类，所
以 Comment 项应为1。
mixedCo.remove(1);
```

6. Attribute 类

```
<table width = "100% " border = "0" > </table >
String width = table.getAttributeValue("width");//获得 attribute
int border = table.getAttribute("width").getIntValue();
table.setAttribute("vspace", "0");//设置 attribute
table.removeAttribute("vspace");//删除一个或全部 attribute
table.getAttributes().clear();
```

下面展示一个完整例子，说明如何应用 JDOM 读取一个 XML 文档，其他
应用与此类似。

```
import org.jdom.output.*;
import org.jdom.input.*;
import org.jdom.*;
import java.io.*;
import java.util.*;
public class ReadXML{
    public static void main(String[] args) throws Exception {
        SAXBuilder builder = new SAXBuilder();
        Document read_doc = builder.build("studentinfo.xml");
        Element stu = read_doc.getRootElement();
        List list = stu.getChildren("student");
        for(int i = 0;i < list.size();i + +) {
            Element e = (Element)list.get(i);
```

```
String str_number = e.getChildText("number");
String str_name = e.getChildText("name");
String str_age = e.getChildText("age");
System.out.println("--------STUDENT------------");
System.out.println("NUMBER:" + str_number);
System.out.println("NAME:" + str_name);
System.out.println("AGE:" + str_age);
System.out.println("----------------------------");
System.out.println();
        }
    }
}
```

2.3.3.2　XML 解析方法之 SAX

DOM 的优点是便于各个数据节点的添加、删除，缺点是整体性地将 XML 数据加载到内存中，形成 DOM 树，当 XML 文档结构复杂时，内存需求激增会导致系统崩溃。SAX（Simple API for XML）是事件驱动型 XML 解析的一个标准接口，正好可以克服单纯 DOM 方法的缺陷。

SAX 不需要将 XML 文档导入内存，其工作原理简单地说就是对文档进行顺序扫描，当扫描到文档（Document）开始与结束、元素（Element）开始与结束、文档（Document）结束等地方时通知事件处理函数，由事件处理函数做相应动作，然后继续同样的扫描，直至文档结束。

1. SAX 的解析机理

SAX 最初是由 David Megginson 采用 Java 语言开发，之后 SAX 很快在 Java 开发者中流行起来。不同于其他大多数 XML 标准的是，SAX 没有语言开发商必须遵守的标准 SAX 参考版本。因此，SAX 的不同实现可能采用区别很大的接口。

作为接口，SAX 是事件驱动型 XML 解析的一个标准接口不会改变，已被结构化信息标准推进组织（Organization for the Advancement of Structured Information Standards，OASIS）所采纳。作为软件包，SAX 最早的开发始于 1997 年 12 月，由一些在互联网上分散的程序员合作进行。后来，参与开发的程序员越来越多，组成了互联网上的 XML-DEV 社区。5 个月以后，1998 年 5 月，SAX 1.0 版由 XML-DEV 正式发布。目前，最新的版本是 SAX 2.0。SAX 2.0 版本在多处与 SAX 1.0 版本不兼容，包括一些类和方法的名字。

简单地说，SAX 的工作原理就是对文档进行顺序扫描，当扫描到文档（document）开始与结束、元素（Element）开始与结束、文档（Document）结束等地方时通知事件处理函数，由事件处理函数做相应动作，然后继续同样的扫描，直至文档结束。

大多数 SAX 实现都会产生以下类型的事件：

（1）在文档的开始和结束时触发文档处理事件；

（2）在文档内每一个 XML 元素接受解析的前后触发元素事件；

（3）任何元数据通常都由单独的事件交付；

（4）在处理文档的 DTD 或 Schema 时产生 DTD 或 Schema 事件；

（5）产生错误事件用来通知主机应用程序解析错误。

对于如下文档：

```
<doc >
    <para >Hello, world!  </para >
</doc >
```

在解析文档的过程中会产生如下一系列事件：

```
start document
start element: doc
start element: para
characters: Hello, world!
end element: para
end element: doc
end document
```

一个完整的 SAX 处理过程涉及如下几个步骤：

（1）创建事件处理程序；

（2）创建 SAX 解析器；

（3）将事件处理程序分配给解析器；

（4）对文档进行解析，将每个事件发送给处理程序。

SAX 的优点如下：

（1）解析速度快。SAX 解析器对文档的解析过程是一种边解析边执行的过程。

（2）内存消耗少。SAX 解析器对文档的解析过程中，无需把整个文档都加载到内存中。

（3）ContentHandler 对象可以是多个。使用 SAX 解析器时，可以注册多个 ContentHandler 对象，并行接收事件。

SAX 的缺点如下：

（1）必须实现事件处理程序。

（2）不能随机访问。SAX 解析器对文档的解析是顺序进行的。

（3）不能修改文档。使用 SAX 对文档进行解析，只能访问文档内容，无法做到向文档中添加节点，更不能删除和修改文档中的内容。

2. SAX 的常用接口

1）ContentHandler 接口

ContentHandler 接口是 Java 类包中一个特殊的 SAX 接口，位于 org. xml. sax 包中。该接口封装了一些对事件处理的方法，当 XML 解析器开始解析 XML 输入文档时，它会遇到某些特殊的事件，比如文档的开头和结束、元素开头和结束、以及元素中的字符数据等事件。当遇到这些事件时，XML 解析器会调用 ContentHandler 接口中相应的方法来响应该事件。

ContentHandler 接口的方法有以下几种：

```
void startDocument ()
void endDocument ()
void startElement (String uri, String localName, String qName, At-
tributes atts)
void endElement (String uri, String localName, String qName)
void characters (char [ ] ch, int start, int length)
```

2）DTDHandler 接口

DTDHandler 接口用于接收基本的 DTD 相关事件的通知，该接口位于 org. xml. sax 包中。此接口仅包括 DTD 事件的注释和未解析的实体声明部分。SAX 解析器可按任何顺序报告这些事件，而不管声明注释和未解析实体时所采用的顺序。但是，必须在文档处理程序的 startDocument（）事件之后，在第一个 startElement（）事件之前报告所有的 DTD 事件。

DTDHandler 接口包括以下两个方法：

```
void startDocumevoid notationDecl (String name, String publicId,
String systemId) nt ()
                              //接收注释声明事件的通知
void unparsedEntityDecl (String name, String publicId, String sys-
temId, String notationName)
                              //接收未解析的实体声明事件的通知
```

3）EntityResolver 接口

EntityResolver 接口只有一个方法，如下：

```
public InputSource resolveEntity (String publicId, String sys-
temId)
```

允许应用程序解析外部实体，并返回一个 InputSource 类的对象或者为 null，用于读取实体信息 。

解析器将在打开任何外部实体前调用此方法。此类实体包括在 DTD 内引用的外部 DTD 子集和外部参数实体和在文档元素内引用的外部通用实体等。如果 SAX 应用程序需要实现自定义处理外部实体，则必须实现此接口。

4）ErrorHandler 接口

ErrorHandler 接口是 SAX 错误处理程序的基本接口。如果 SAX 应用程序需要实现自定义的错误处理，则它必须实现此接口，然后解析器将通过此接口报告所有的错误和警告。

该接口的方法如下：

```
void error (SAXParseException exception)        //接收可恢复的错误通知
void fatalError (SAXParseException exception)   //接收不可恢复的错误
                                                  通知
void warning (SAXParseException exception)      //接收警告的通知
```

3. 创建 SAX 解析器

（1）用系统默认值来创建一个 XMLReader（解析器）：

```
XMLReader reader = XMLReaderFactory. createXMLReader ();
```

（2）从给定的类名称来创建一个 XMLReader：

```
XMLReader reader = XMLReaderFactory. createXMLReader(
"org. apache. xerces. parsers. SAXParser");
```

（3）使用 javax. xml. parsers 包中的 SAXParserFactory 类和 SAXParser 类创建：

```
SAXParserFactory spFactory = SAXParserFactory. newInstance ();
SAXParser sParser = spFactory. newSAXParser ();
```

DefaultHandler 类是 SAX2 事件处理程序的默认基类。它继承了 EntityResolver、DTDHandler、ContentHandler 和 ErrorHandler 这 4 个接口。包含这 4 个接口的所有方法，所以在编写事件处理程序时，可以不用直接实现这 4 个接口，而继承该类，然后重写我们需要的方法。如下：

```
import org. xml. sax. * ;
import org. xml. sax. helpers. DefaultHandler;
public class TestDefaultHandler extends DefaultHandler{
public void startDocument() throws SAXException{
    System. out. println("开始解析!");}
public void endDocument() throws SAXException{
    System. out. println("解析完成!");}
public void startElement (String uri, String localName, String
qName,
        Attributes atts) throws SAXException {
```

```
        System.out.println("元素名:"+qName);
    }
    public void endElement(String uri, String localName, String qName)
                    throws SAXException{
        System.out.println("对"+qName+"的解析完成!");
    }
    }
```

XMLReader 接口是使用回调读取 XML 文档的接口。XMLReader 是 XML 解析器的 SAX2 驱动程序必须实现的接口。此接口允许应用程序设置和查询解析器中的功能和属性，注册文档的事件处理程序，以及对文档的解析。如下：

```
import org.xml.sax.*;
import org.xml.sax.helpers.*;
public class TestXMLReader{
public TestXMLReader(){
    try{
        XMLReader reader = XMLReaderFactory.createXMLReader(
            "org.apache.xerces.parsers.SAXParser");
        System.out.println("创建解析器成功!");
        //MyContentHandler 是实现了 ContentHandler 接口的类
        reader.setContentHandler(new MyContentHandler());
        reader.setDTDHandler(new MyDTDHandler());
        //对 test.xml 进行解析
        reader.parse("test.xml");
        System.out.println("解析完成!");
    }catch(SAXException e){e.printStackTrace();}
    }
    }
```

XMLReader 接口的部分方法说明见表 2-1。

表 2-1　XMLReader 接口的部分方法说明

方　　法	说　　明
ContentHandler getContentHandler（）	返回当前的文档内容处理程序
DTDHandler getDTDHandler（）	返回当前的 DTD 处理程序
EntityResolver getEntityResolver（）	返回当前的实体解析器
ErrorHandler getErrorHandler（）	返回当前的错误处理程序
boolean getFeature（String name）	查找 name 功能标志的值

（续）

方　法	说　明
Object getProperty（String name）	查找属性 name 的值
void parse（InputSource input）	解析 XML 文档
void parse（String systemId）	从系统标识符 systemId 解析 XML 文档
void setContentHandler（ContentHandler handler）	允许应用程序注册内容事件处理程序
void setDTDHandler（DTDHandlerhandler）	允许应用程序注册 DTD 事件处理程序
void setEntityResolver（EntityResolver resolver）	允许应用程序注册实体解析器
void setErrorHandler（ErrorHandler handler）	允许应用程序注册错误事件处理程序
void setProperty（String name，Object value）	设置属性 name 的值为 value

4. SAX 的应用

对一般 XML 文档的解析，如以下 XML 文档 worker. xml：

```
< workers >
< worker id = "AQ01"经验 = "有经验" >
    < name > Mark < /name >
    < sex >男< /sex >
    < status >经理< /status >
    < address >北京< /address >
    < money >4000 < /money >
< /worker >
< worker id = "AD02" >
    < name >lucy < /name >
    < sex >女< /sex >
    < address >上海< /address >
    < status >员工< /status >
    < money >1000 < /money >
< /worker >
< worker id = "AD03" >
    < name >lily < /name >
    < sex >女< /sex >
    < address >北京< /address >
    < status >员工< /status >
    < money >3000 < /money >
< /worker >
< /workers >
```

创建一个类 TestSAXParse. java，并继承 DefaultHandler 类，代码如下所示：

```
import javax.xml.parsers.*;
import org.xml.sax.*;
import org.xml.sax.helpers.*;
import java.util.*;
import java.io.*;
public class TestSAXParse extends DefaultHandler {
Stack myStack = new Stack();
String hisname,address,money,sex,status;
public void startDocument() throws SAXException {
        System.out.println("………开始解析………");
}
public void endDocument() throws SAXException {
        System.out.println("………解析完成………");
}

public void startElement(String namespaceURI,String localName,
        String qName,Attributes attr) throws SAXException {
    myStack.push(qName);
    if (qName.equals("worker")){
        for(int i=0;i<attr.getLength();i++){
            System.out.println(attr.getQName(i)+"="+
            attr.getValue(i));
        }
    }
}
public void endElement(String namespaceURI,String localName,
        String qName )throws SAXException {
    myStack.pop();
    if (qName.equals("worker")){
        this.printout();
    }
}

public void characters(char[] ch, int start, int length)
        throws SAXException {
    String name = (String)myStack.peek();
    if (name.equals("name")) hisname=new String(ch,start,
    length);
```

```
        else if (name.equals("sex")) sex = new String(ch,start,
        length);
        else if (name.equals("status")) status = new String(ch,
        start,length);
        else if (name.equals("address")) address = new String(ch,
        start,length);
        else if (name.equals("money")) money = new String(ch,
        start,length);
    }
private void printout(){
        System.out.print("姓名: ");
        System.out.println(hisname);
        System.out.print("性别: ");
        System.out.println(sex);
        System.out.print("身份: ");
        System.out.println(status);
        System.out.print("地址: ");
        System.out.println(address);
        System.out.print("工资: ");
        System.out.println(money);
        System.out.println();
    }
public static void main( String[ ] args ){
        System.out.println( "Example Test SAX Events:" );
        try {
                // 建立 SAX 2 解析器...
                XMLReader reader =
                XMLReaderFactory.createXMLReader(
                "org.apache.xerces.parsers.SAXParser");
                // 解析文件...
                reader.setContentHandler(
                new TestSAXParse());
                reader.parse("worker.xml");
        }catch ( Exception e ) {
                e.printStackTrace();
        }
    }
```

利用 SAX 方法解析 work.xml 的运行效果如图 2-7 所示。

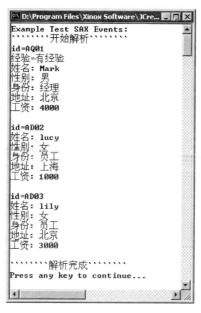

图 2-7　利用 SAX 方法解析 worker. xml 的运行效果

2.4　基于 XML 的消息协议 SOAP

SOAP、WSDL、UDDI 通常被认为是 Web 服务的支撑协议，通过上面两节对 HTTP 和 XML 协议的讲解，有助于了解 Web 服务的基本设计思路。

简单对象访问协议（Simple Object Access Protocol，SOAP）是一种轻量的、简单的、基于 XML 的协议，它被设计成在 Web 上交换结构化的和固化的信息。

SOAP 可以和现存的许多因特网协议和格式结合使用，包括超文本传输协议（HTTP）、简单邮件传输协议（SMTP）、多用途网际邮件扩充协议（MIME）。

它还支持从消息系统到远程过程调用（RPC）等大量的应用程序。SOAP 使用基于 XML 的数据结构和超文本传输协议（HTTP）的组合定义了一个标准的方法来使用 Internet 上各种不同操作环境中的分布式对象。

2.4.1　SOAP 模型

SOAP 是由 UserLand、IBM、Microsoft、DevelopeMentor 等公司共同起草，并由 W3C 公布推荐的一种分布式处理协议，它采用了如图 2-8 所示的模型。在该模型中，能够处理 SOAP 消息的处理机称为 SOAP 节点，每个 SOAP 节点都驻留一个实现了 SOAP 协议的处理器，SOAP 发送节点上的用户 SOAP 应用程序生成需要传递的数据单元集，每个数据单元被称为 SOAPBlock，一次调用中的所有 SOAPBlock 被 SOAP 处理器组装成一个 SOAP 消息，再根据具体情况，将 SOAP 消息与底层网络协议绑定，形成的网络数据包进行传输，SOAP 接收节点执行逆过程，接收数据。对 SOAP 消息传递的 SOAP 节点称为 SOAP 中介节点，SOAP 允许 SOAP 中介节点在传输过程中对一部分 SOAP Block 进行处理，但这个过程不是必需的。

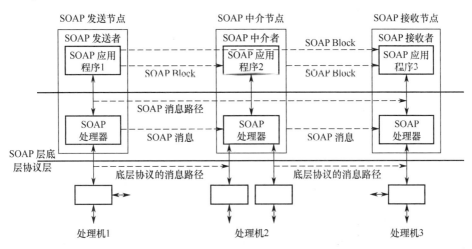

图 2-8　SOAP 模型

2.4.2　SOAP 的组成

SOAP 信封（Envelope）是 SOAP 消息在句法上的最外层结构。它构造和定义了一个整体的表示框架，可用来表示在消息中指的是什么，谁应当处理它以及是可选的还是强制的。图 2-9 所示为 SOAP 消息的组成。

从图 2-9 中可以看到，SOAP 信封包含一个 SOAP 头（Header）和一个 SOAP 主体（Body）。其中 SOAP 头为可选，SOAP 主体为必选。而 SOAP 头和 SOAP 主体中包含若干条 SOAP 条目（Block）。SOAP 头由 SOAP 中介者处理，SOAP 主体由 SOAP 最终接收者处理。SOAP 信封的命名空间为：http：// www. w3. org/ 2001/06/soap-envelope。SOAP 编码规则（Encoding Rules）是一个定义传输数据的类型的通用数据类型系统。它采纳了 XMLSchema 中的全部简单数据类型，并增加了两个复合类型：struct 和 array。SOAP 编码独立于其他 SOAP 部分。因此，当用户需使用自己的数据类型时，完全可以使用自定义的编码规则，以使 SOAP 满足各种不同情况下的应用。编码规则由 encoding-Style 属性指定，每个条目都可以有自己的编码规则。SOAP 编码规则的命名空间为：http：//www. w3. org/2001/06/soap-encoding。

图 2-9 SOAP 消息

SOAPRPC 表示（Representation）它定义了一个用于表示远端过程调用和响应的约定。在 RPC 中使用 SOAP 时，RPC 的调用和响应都在 SOAP Body 元素中传送；在进行方法调用时，调用节点将被调用方法建模成一个 struct 结构。该方法的参数则按原有顺序映射为 Struct 结构内的存取标识；在响应方法时，响应节点将响应消息建模为一个 struct 结构，并按返回值、返回参数的顺序映射为 struct 结构内的存取标识。若出错，则使用 SOAP Fault 元素编码进行处理。同时，SOAP 要求目标结点需用 URI 进行标识。但 URI 如何传送并不在本部分内定义，而由具体的传输协议与 SOAP 绑定提供传送 URI 的机制。SOAP 绑定（Binding）定义了一个使用底层传输协议来完成在结点间交换 SOAP 信封的约定。目前，SOAP 协议中定义了与 HTTP 的绑定，主要利用 HTTP 的请求/响应消息模型及其易于通过防火墙的特性。请求时，目标结点的 URI 通过 HT-TP Header 中的 SOAP Action 字段来指定，SOAP 信封则置于 HTTP 的内容中。响应时，SOAP 则遵从用于 HTTP 中表示通信状态的 HTTP 状态代码的语义。应该指出的是，协议中的定义只是 SOAP 的一种绑定形式，并不排斥 SOAP 与其他协议间的绑定，只要传输协议能够提供传送目标结点 URI 的机制，并能携带 SOAP 信封，就可以与 SOAP 进行绑定传送 SOAP 消息。这意味着 SOAP 能适应从局域网到 Internet 的各种环境。

SOAP 的设计目标之一在于能在各种环境下对所传内容进行解析、处理。它没有像以前的技术那样，需要调用/响应双方都遵守某种特定的应用语义，而是将语义信息由一个模块化的包装模型和对模块中的特定格式编码数据的重编机制表示。由于使用 XMLSchema 对这个包装模型和重编机制进行定义，各个处理结点都能容易地理解由 SOAP 消息传达的语义信息，并且由于 SOAP 信息中的数据完全采用 XML 格式，避免了以前采用二进制编码传送，导致不同

系统间难以相互理解。SOAP 的这种特性最终将会取代其他分布式技术的底层
通信协议（如 DCOM 和 IIOP），因而它也成为了 Web 服务的核心协议。

先来看一个简单的 SOAP 消息例子：

在例1 中，GetLastTradePrice SOAP 请求被发往 StockQuote 服务。这个请求
携带一个字符串参数 ticker 符号，在 SOAP 应答中返回一个浮点数。XML 名域
用来区分 SOAP 标志符和应用程序特定的标志符。这个例子说明了在前面定义
的 HTTP 绑定。如果 SOAP 中管理 XML 负载的规则完全独立于 HTTP 是没有意
义的，因为事实上，该负载是由 HTTP 携带的。

例1 在 HTTP 请求中嵌入 SOAP 消息

```
POST /StockQuote HTTP/1.1
Host:
www.stockquoteserver.com
Content-Type: text/xml;
charset = "utf-8"
Content-Length: nnnn
SOAPAction:
"Some-URI"
 < SOAP-ENV:Envelope
    xmlns:SOAP-ENV = "http://schemas.xmlsoap.org/soap/envelope/"
    SOAP-ENV:encodingStyle = "http://schemas.xmlsoap.org/soap/
    encoding/" >
     < SOAP-ENV:Body >
        < m:GetLastTradePrice xmlns:m = "Some-URI" >
            < symbol >DIS < /symbol >
        < /m:GetLastTradePrice >
     < /SOAP-ENV:Body >
 < /SOAP-ENV:Envelope >
```

下面是一条应答消息，包括 HTTP 消息，SOAP 消息是其具体内容。

例2 在 HTTP 应答中嵌入 SOAP 消息

```
HTTP/1.1 200 OK
Content-Type: text/xml;
charset = "utf-8"
Content-Length:
nnnn
 < SOAP-ENV:Envelope
    xmlns:SOAP-ENV = "http://schemas.xmlsoap.org/soap/envelope/"
    SOAP-ENV:encodingStyle = "http://schemas.xmlsoap.org/soap/
```

```
encoding/"/>
  <SOAP-ENV:Body>
    <m:GetLastTradePriceResponse xmlns:m="Some-URI">
      <Price>34.5</Price>
    </m:GetLastTradePriceResponse>
  </SOAP-ENV:Body>
</SOAP-ENV:Envelope>
```

SOAP 虽然是 XML 文档，但其编写需要满足如下语法规则：

（1）SOAP 消息必须用 XML 来编码；

（2）SOAP 消息必须用 SOAP Envelope 命名空间；

（3）SOAP 消息必须用 SOAP Encoding 命名空间。

2.5 通用描述、发现和集成协议 UDDI

UDDI 是一种目录服务，服务提供者和使用者可以使用它对 Web services 进行注册和搜索。UDDI，英文为 Universal Description，Discovery and Integration，可译为通用描述、发现与集成。UDDI 包含于完整的 Web 服务协议栈之内，而且是协议栈基础的主要部件之一，支持创建、说明、发现和调用 Web 服务。

UDDI 扮演的角色如图 1-1 所示 SOA 中的中介（服务代理），有了 UDDI，使得 Web 服务的自动发现、匹配成为可能，面向服务的软件生产自动化蓝图得以实现。

UDDI 是一种规范，它主要提供基于 Web 服务的注册和发现机制，为 Web 服务提供 3 个重要的技术支持：①标准、透明、专门描述 Web 服务的机制；②调用 Web 服务的机制；③可以访问的 Web 服务注册中心。UDDI 规范由 OASIS（Organization for the Advancement of Structured Information Standards）标准化组织制定。

UDDI 始于 2000 年，由 Ariba、IBM、Microsoft 和其他 33 家公司创立。UDDI registries 提供了一个机制，以一种有效的方式来浏览、发现 Web Services 以及它们之间的相互作用。

UDDI 计划是一个广泛的、开放的行业计划，它使得商业实体能够：① 彼此发现；②定义它们怎样在 internet 上互相作用，并在一个全球的注册体系架构中共享信息。

UDDI 是一个分布式的互联网服务注册机制，它集描述（Universal Description）、检索（Discovery）与集成（Integration）为一体，其核心是注册机制。UDDI 实现了一组可公开访问的接口，通过这些接口，网络服务可以向服务信息库注册其服务信息、服务需求者可以找到分散在世界各地的网络服务。

UDDI 基于现成的标准，如可扩展标记语言（Extensible Markup Language，XML）和简单对象访问协议（Simple Object Access Protocol，SOAP）。UDDI 的所有兼容实现都支持 UDDI 规范。公共规范是机构成员在开放的、兼容并蓄的过程中开发出来的。目的在于先生成并实现这个规范的 3 个连续版本，之后再把将来开发得到的成果的所有权移交给一个独立的标准组织。

程序开发人员通过 UDDI 机制查找分布在互联网上的 Web Service，在获取其 WSDL 文件后，就可以在自己的程序中以 SOAP 调用的格式请求相应的服务了。

UDDI 注册中心包含了通过程序手段可以访问到的对企业和企业支持的服务所做的描述。此外，还包含对 Web 服务所支持的因行业而异的规范、分类法定义（用于对于企业和服务很重要的类别），以及标识系统（用于对于企业很重要的标识）的引用。UDDI 提供了一种编程模型和模式，它定义与注册中心通信的规则。UDDI 规范中所有 API 都用 XML 来定义，包装在 SOAP 信封中，在 HTTP 上传输。

UDDI 列表保存在 UDDI 注册中心。每个列表可以包含以下内容。

白页：白页与电话簿中用于查找公司信息的白页类似。例如，如果知道公司的名称，可以在其中查找公司的地址，如何进行联系，甚至还能够确定与组织中的哪个人联系。

黄页：同样，黄页与电话簿中的黄页一样，可以在其中根据分类查找公司。UDDI 指定了各种分类法，以供各个公司用于对自己进行分类。例如，如果查找体育用具，则可以查找其北美工业分类系统（North American Industry Classification System，NAICS）代码为 339920 的公司。

绿页：电话簿中没有绿页，但这里的想法是，公司可以使用此搜索方法来查找实现了特定服务的贸易合作伙伴。例如，可以搜索实现了使用邮政编码的距离计算功能的公司。

绿页即所需的全部内容。它们可提供对服务的 WSDL 信息的访问。

发布应用程序必须读取和理解 WSDL 文档的内容。其次，它们必须向 UDDI 注册中心发送请求，然后处理任何响应。有两个现成的 Java 类库提供这种功能，它们是 Web Services Description Language for Java（WSDL4J）和 UDDI Java API（UDDI4J）。

WSDL4J 提供可以用于解析现有 WSDL 文档或通过编程创建新 WSDL 文档的标准 Java 接口。WSDL4J 是定位在 IBM developerWorks 网站上的一个开放源码项目，其目的是为 Java 规范请求 110（Java Specification Request 110（JSR 110））提供一个参考实现。这个 JSR 是通过 Java 程序社区（Java Community Process）开发的。

目前，对于公共 UDDI 注册中心，由于缺乏统一的权威管理机构，发源于国际大公司，如 IBM、微软、SAP 的 UDDI 注册中心在 2008 年开始相继关闭，停止提供服务。

2.6 其他 Web 服务应用技术

除了主流的 Web 服务规范和实现方式，其他厂商和组织也面向 Web 服务开发了一些实用的平台、产品和补充规范，口的就是为了使其技术落地、规范完整。

2.6.1 IBM SCA/SDO

服务组件框架（Service Component Architecture，SCA）是由 BEA、IBM、Oracle 等知名中间件厂商联合制定的一套符合 SOA 思想的规范。IBM 主导 SCA 的开发和维护，并贡献了其面向 SCA 的开源产品——IBM Tuscany。

SCA 在 2005 年 11 月发布了 0.9 版本的规范，其中包括了组装模型规范，Java/C++客户端以及其实现规范。2006 年 4 月，整个 SCA 规范有了很大的改进，推出了对应的 0.95 版本。2007 年 3 月，SCA 的 1.0 版本终于发布。IBM SCA 希望借助这个规范统一调度各种传输协议的网络 API（不仅仅局限于 Web 服务），达到兼容所有产品规范的商业意图。

服务构件框架（SCA）提供了一套可构建基于面向服务的应用系统的编程模型，它的核心概念是服务及其相关实现。服务由接口定义，而接口包含一组操作。服务实现可以引用其他服务，称为引用。服务可以有一个或多个属性，这些属性是可以在外部配置的数据值。

SCA 中的一个关键推动因素是服务数据对象（Service Data Object，SDO）。

IBM SCA/SDO 的主要目标和特点如下：

（1）SCA 是对目前组件编程的进一步升华，其目标是让服务组件能自由绑定各种传输协议，集成其他的组件与服务。

（2）SCA 组件通过服务接口公开其功能，而在 SCA 内部，同样采用服务接口来使用其他组件提供的功能。

（3）SCA 强调将服务实现和服务组装，即服务的实现细节和服务的调用访问分离开。

SCA 组件被组成为程序集。程序集是服务级的应用程序，它是服务的集合，这些服务被连接在一起，并进行了正确的配置。SCA 程序集运行在两个级别：第一种情况，程序集是系统内的一组松散连接的组件；另一种情况，程序集是模块内的一组松散连接的组件。二者的区别在于，一般来说，模块是组件的集合，而系统是模块的集合。此外，系统对应于"大规模编程"（Programming in the Large 或 Megaprogramming），而模块对应于"小规模编程"（Programming in the Small）

将组件连接到它所依赖的服务的方式就是服务网络"装配"的方式。程序集已经在许多技术和框架中广为应用，比如 CORBA、J2EE、ATG Dynamo 和 Spring，也就是说，它并不是新出现的。从这些技术中可以知道，程序集提供了许多重要的优点，比如更轻松的迭代开发，以及避免使业务逻辑依赖于中间件容器。SCA 使用程序集解决了许多 SOA 开发中的重要问题，包括：

（1）业务逻辑与底层基础架构、服务质量和传输的分离；

（2）"小规模编程"与"大规模编程"的联系。

为架构的设计、编码和操作性部署在自底向上（Bottom-up）和自顶向下（Top-down）两种方法中来回切换提供了一种统一的方式。

2.6.2　WS-Security

WS-Security（Web 服务安全）是一种提供在 Web 服务上应用安全的方法的网络传输协议。

2004 年 4 月 19 日，OASIS 组织发布了 WS-Security 标准的 1.0 版本。2006 年 2 月 17 日，发布了 1.1 版本。WS-Security 是最初 IBM、微软、VeriSign 和 Forum Systems 开发的，现在协议由 Oasis-Open 下的一个委员会开发，官方名称为 WSS。

协议包含了关于如何在 Web 服务消息上保证完整性和机密性的规约。WSS 协议包括 SAML（安全断言标记语言）、Kerberos 和认证证书格式（如 X.509）的使用的详细信息。

WS-Security 描述了如何将签名和加密头加入 SOAP 消息。除此以外，还描述了如何在消息中加入安全令牌，包括二进制安全令牌，如 X.509 认证证书和 Kerberos 门票（Ticket）。

WS-Security 将安全特性放入一个 SOAP 消息的消息头中，在应用层处理。这样协议保证了端到端的安全。

2.6.3　WS-Policy

Web 服务策略框架规范（Web Services Policy Framework，WS-Policy）提供了一种灵活、可扩展的语法，用于表示基于 XML Web services 的系统中实体的能力、要求和一般特性。WS-Policy 定义了一个框架和一个模型，将这些特性表示为策略。

通过在 SOAP 包的扩展部分植入策略（Policy），使得 Web 服务可以应对多种场景，如 QoS、推荐等，由此增强 Web 服务的服务能力。

2.6.4　WS-I Basic Profile

WS-I（Web 服务互操作基本概要，简称 WSI-BP）由 Web 服务互操作性的行业协会规范（WS-I）发布，是对不同软件和操作系统平台上的各 Web 服务实现之间的互操作性将需要哪些标准和技术的发布性描述。WSI-BP 致力于提高 Web 服务的互操作能力。

以下突出说明了由这个概要所施加的主要限制。

（1）不得使用 SOAP 编码。原因很大程度上在于 SOAP 编码已经被证明常常会导致互操作性问题。因此，WS-I 基本概要要求使用 WSDL SOAP 绑定的 RPC/literal 或 Document/literal 形式。

（2）需要使用针对 SOAP 的 HTTP 绑定。

（3）对于 SOAP 故障（SOAP Fault）消息，需要使用 HTTP 500 状态响应。

（4）需要使用 HTTP POST 方法。

（5）需要使用 WSDL1.1 来描述 Web 服务的接口。

（6）需要使用 WSDL SOAP 绑定的 rpc/literal 形式或 document/literal 形式。

（7）不得使用请求-响应（Solicit-response）操作和通知（Notification）样式的操作。

（8）需要合用 HTTP 和 WSDL SOAP 绑定扩展作为所需的传输。

（9）需要使用对代表 Web 服务的 UDDI tModelI 元素的 WSDL1.1 描述。

为了便于大家评估其 Web 服务是否遵循 WSI-BP，WS-I 测试工具工作组设计和开发了相应的参考工具，并且正在将在 WS-I 基本概要草案中定义的约束和要求转化成测试断言，这些断言将配置测试工具，Web 服务从业人员可以用这些工具来测试其开发的 Web 服务实例和 WSDL 描述是否遵循概要。

WS-I 的目标是可以从这些基本概要创建复合的概要，从而能够组合各种功能来满足业务要求。

练习题

一、思考题

1. Web 服务协议栈的主要内容是什么？

2. Web 服务本质是通过 HTTP 方式调用的构件，HTTP 协议的特点如何？HTTP 作为 Web 服务的传输承载协议的工作原理是什么？

3. XML 为什么能成为互联网时代的标准数据描述语言？

4. 解析 XML 即采用某种方法识别 XML 文件的各个部分，主要的解析 XML 的方法有哪些？举例说明其工作原理。

5. 基于 XML 的消息协议 SOAP 的组成如何？

6. UDDI 协议的作用是什么？为什么 UDDI 没有获得广泛的应用？

7. WS-I（Web 服务互操作基本概要）的内容和目标是什么？

二、单项选择题

1. XML 文档的序言中包括 XML 的声明和注释两部分，其中在 XML 的声明中，standalone 表示是否引用外部实体，当 standalone 的值为_____时，说明需要引用外部实体。

  A. yes   B. no   C. true   D. false

2. 下列不属于 XSD 的特点的是_____。

A. 能够定义哪个元素是子元素

B. 数据类型多样性

C. 简单性

D. 拥有不同于 XML 的独立语法

3. 下列关于 SOAP 协议的说法中，不正确的一项是_____。

A. SOAP 协议是一种轻量级的文本传输协议

B. SOAP 消息可以使用其他任何文本传输协议传输

C. SOAP 协议可以直接用来传输二进制数据

D. SOAP 使用 XML 来格式化数据

三、应用题

1. 通过本章的学习，了解了 XML 基础知识。要求课外深入学习诸如 XML 的标记与元素、在 XML 中字符和实体的引用以及 CDATA 的使用，另外还有文档类型定义 DTD 等。

本题要求练习使用实体引用。此次使用的是内部引用普通实体，下面给出实体引用的代码：

```
<古诗>
    <题目>&title; </题目>
    <内容>&content; </内容>
</古诗>
```

要求通过上面的实体引用代码，将合适的古诗引入 XML 文档中。

2. 给定一个 XML 文档，能够使用 JDOM 软件工具包对其进行解析操作，输出其文档标签结构。

第 3 章

Web 服务实现技术

本章学习目标:

通过本章 Web 服务实现技术的学习,了解目前最流行的两大平台:. Net 和 Java 环境下 Web 服务的创建、发布和调用方法,结合具体案例掌握两大平台下 Web 服务的开发方法,理解 Web 服务应用开发的原理和过程。

本章要点:

- . Net 平台下 Web 服务的开发;
- . Net 平台下 Web 服务的发布;
- . Net 平台下 Web 服务的调用;
- 基于 Java 的 Web 服务开发;
- 基于 Java 的 Web 服务发布;
- 基于 Java 的 Web 服务调用。

前面两章,读者已经基本认识了 Web 服务,了解了其技术基础,本章从实现角度面向 3 个方面阐述:Web 服务的发布;Web 服务的调用;Web 服务程序的开发。主要从两大开发平台分别陈述,即 . Net 平台和 Java 平台。

3.1 . Net 平台 Web 服务开发

开发平台是包括语言、类库、框架和开发工具的一个集成开发环境。微软 . Net 平台包括了 VC++、VJ#、C#等语言和它们各自的类库,其中微软首推的是 C#语言。Web 服务允许应用程序通过 Internet 进行通信和共享数据,而不管所采用的是哪种操作系统、设备或编程语言。. Net 是微软的 Web 服务开发平台,目前 . Net 平台主要是使用的 Visual Studio 2010 及以上版本的集成开发环境(IDE)。

3.1.1 Web 服务的访问调用

远程访问已经对外发布的 Web 服务,就是 Web 服务的访问调用。例如,以提供 Web 服务的网站 http://www. webxml. com. cn 中提供的 Web 服务为例，其中有一个查询 QQ 在线状态的 Web 服务，目前此 Web 服务是免费服务。

本节以此查询 QQ 在线状态的 Web 服务为例子说明在 . Net 平台中，Visual Studio 2010 下调用此 Web 服务的用法。

首先，找到这个提供 QQ 在线状态查询的 Web 服务的网络地址 http://ws. webxml. com. cn/webservices/qqOnlineWebService. asmx，在浏览器中输入该 URL 测试该服务，如图 3-1 所示。

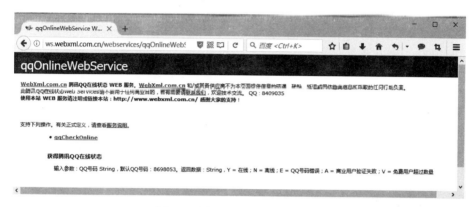

图 3-1　测试 qqOnlineWebService

在图 3-1 所示页面中可知，该 Web 服务只提供了一个称为 qqCheckOnline 的操作，所列的参数表明接受一个 QQ 号码并返回相应的状态码（Y = 在线；N = 离线；E = QQ 号码错误；A = 商业用户验证失败；V = 免费用户超过数量）。

单击 qqCheckOnline 链接，出现如图 3-2 所示的页面。

qqOnlineWebService

单击此处，获取完整的操作列表。

qqCheckOnline

获得腾讯QQ在线状态

输入参数：QQ号码 String，默认QQ号码：8698053。返回数据：String，Y = 在线；N = 离线；E = QQ号码错误；A = 商业用户验证失败；V = 免费用户超过数量

测试

若要使用 HTTP POST 协议对操作进行测试，请单击"调用"按钮。

参数	值
qqCode:	

调用

SOAP 1.1

以下是 SOAP 1.2 请求和响应示例。所显示的占位符需替换为实际值。

```
POST /webservices/qqOnlineWebService.asmx HTTP/1.1
Host: ws.webxml.com.cn
```

图 3-2　Web 服务的操作调用界面

在 qqCode 文本框输入一个 QQ 号码，单击调用按钮，系统返回服务调用后的状态信息，以 XML 形式表示，如图 3-3 所示。能够顺利返回 XML 文件，说明这个 Web 服务程序运行正常。

图 3-3　操作调用后的 XML 格式返回结果

下面，在 .NET 开发环境下使用客户端远程编写程序访问测试这个 Web 服务。

（1）打开 VS2010（管理员身份）创建一个控制台应用程序 QQOnline（图 3-4）。

图 3-4　创建一个控制台应用程序 QQOline

（2）鼠标右键单击项目名称 QQOnline，在弹出菜单中选择【添加服务引用】，在对话框的【地址】输入上述 web 服务地址，单击【前往】按钮。等链接成功，在【服务】列表框就会列出请求结果（图 3-5）。

图 3-5　项目添加服务引用

（3）修改【命名空间】值为 QQOnlineQuery，单击【确定】（图 3-6）。

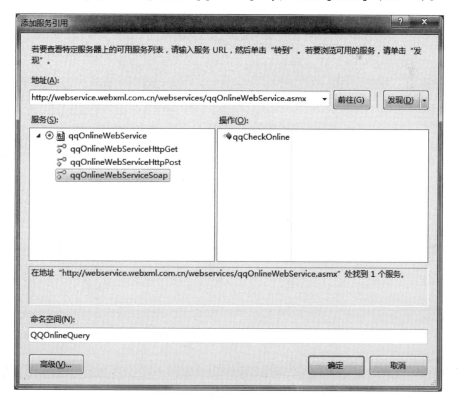

图 3-6　修改命名空间

项目自动产生的配置文件 app. config 中生产了一些重复的配置节点，需要手动删除重复的配置节点（图 3-7）。

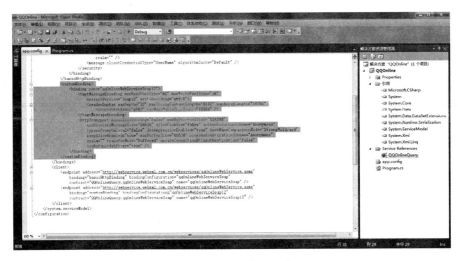

图 3-7　删除重复的配置节点

（4）修改控制台程序中的 Program. cs 代码（图 3-8）。

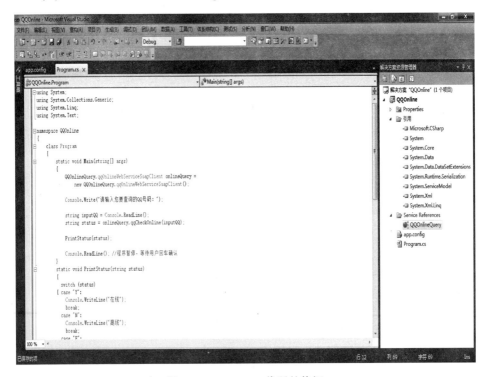

图 3-8　Program. cs 代码的修订

C#语言的 Program. cs 程序代码如下：

```csharp
using System;
using System. Collections. Generic;
using System. Linq;
using System. Text;
namespace QQOnline
{
    class Program
    {
        static voidMain(string[] args)
        {
            QQOnlineQuery. qqOnlineWebServiceSoapClient onlineQuery =
                new QQOnlineQuery. qqOnlineWebServiceSoapClient();

            Console. Write("请输入您要查询的 QQ 号码:");
            string inputQQ = Console. ReadLine();
            string status = onlineQuery. qqCheckOnline(inputQQ);
            PrintStatus(status);
            Console. ReadLine(); //程序暂停,等待用户回车确认
        }
static void PrintStatus(string status)
    {
        switch (status)
        {
            case "Y":
                Console. WriteLine("在线");
                break;
            case "N":
                Console. WriteLine("离线");
                break;
            case "E":
                Console. WriteLine("QQ 号码错误");
                break;
            case "A":
                Console. WriteLine("商业用户验证失败");
                break;
            case "V":
                Console. WriteLine("免费用户超过数量");
```

```
            break;
        }
    }
}
}
```

（5）单击工具栏中的【启动调试】，运行程序即可（图 3-9）。

运行的命令行界面中输入测试的 QQ 号码，就可以显示是否在线的情况。

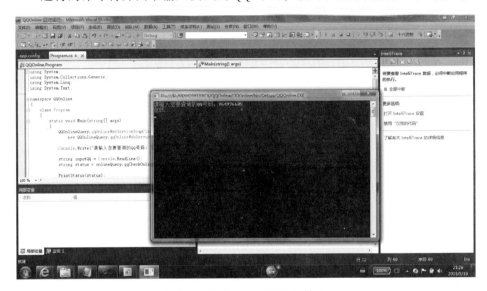

图 3-9　QQOnline 项目运行结果

3.1.2　构建 . Net Web 服务

3.1.1 节说明如何访问一个已经发布的 Web 服务，本部分陈述如何在 . Net 环境下编写 Web 服务并且发布出去。

1. 基础知识——WebService 处理指令

可用记事本即可编辑 Web 服务，. Net 环境下 Web 服务文件保存扩展名为 . asmx。

文件第一行为 WebService 处理指令，如：

```
<% @ WebService Language = "C#" CodeBehind = " ~ /App_Code/myFirst-
WebService. cs" Class = "myFirstWebScrvice" % >
```

指示 C#编译器把类 myFirstWebService 编译成一个具有 Web 输出方法的 Web 服务。

CodeBehind 属性可选，用来指定当前 Web 服务所用的后台代码文件。

2. 基础知识——声明 Web 服务类和方法

此时，应该在需要外部调用的函数前使用编译注解［WebMethod］，编译器读到此注解，会对此声明下的函数对外发布为 Web 服务的可调用函数。注解是写给编译器的，用于告诉编译器一些信息由编译器执行。

```
using System. Web. Services;
public class myFirstWebService :
System. Web. Services. WebService {
    [WebMethod]
    public string HelloWorld()
    {
        return "Hello World!";
    }
}
```

3. Web 服务编写好后，开始部署在 Windows 服务器上对外发布

将编好的 Web 服务程序 myFirstWebService. asmx 部署在 Internet 信息服务（IIS）上的步骤如下：

（1）在 Windows 的 IIS 中新建一个虚拟目录 firstService（如物理路径为 F：\myfirst）；

（2）将 Web 服务文件 myFirstWebService. asmx 复制到物理文件夹 F：\myfirst 下面；

（3）在 IE 浏览器中输入 http://127.0.0.1/ firstService /myFirstWebService. asmx（图 3-10）；

（4）在 IE 浏览器中输入 http://127.0.0.1/ firstService /my First Web Service. asmx？WSDL 可以看到样例服务 myFirstWebService. asmx 的 WSDL 说明文件（图 3-11）；

（5）在图 3-10 中单击服务中可调用的操作 Hello，出现调用测试界面（图 3-12），在操作的调用参数 name 中输入"张山"，单击"调用"按钮；

（6）部署的 Web 服务 myFirstWebService. asmx 运行正常，返回 XML 格式的结果（图 3-13），此结果可以进一步处理以应用于合适的输出界面中。

4. 命令行方式执行 Web 服务

从命令行方式执行 Web 服务的原理过程如图 3-14 左侧所示，客户应用程序通过调用代理类来实现对远程 Web 服务方法的使用。这种方式实质上是自顶向下的 Web 服务开发模式。通常用于基于标准的 Web 服务说明书——WSDL 的开发，即先获得预定义的服务描述文档 WSDL，然后按照其中的 Web 服务定义开发服务的业务逻辑实现。

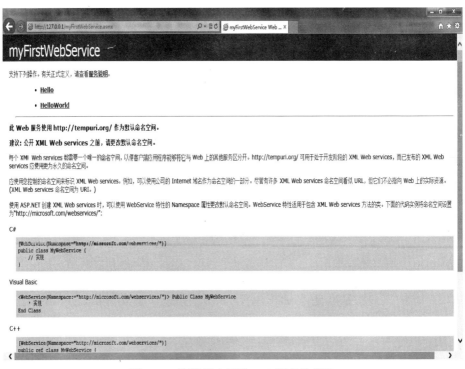

图 3-10　浏览器中显示 Web 服务的信息

图 3-11　样例服务 myFirstWebService. asmx 的 WSDL 说明

（1）创建代理类。

.NET 客户端应用程序可以通过一个代理与 Web 服务进行通信。这个代理是从 Web 服务 WSDL 文档创建的一个 .NET 程序集。既可以有 Visual Studio 自动创建 Web 服务代理（添加服务引用），也可以通过命令行创建（图 3-15）。

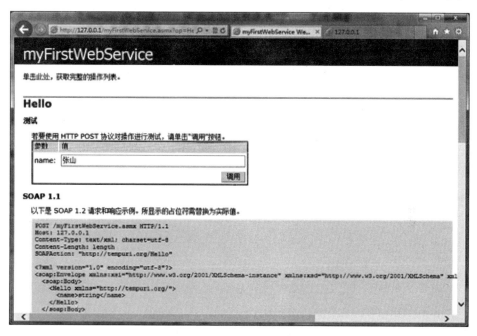

图 3-12　可调用操作 Hello

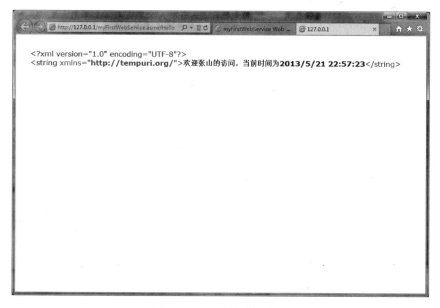

图 3-13　XML 格式的结果

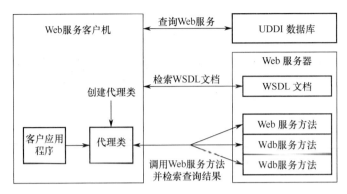

图 3-14　Web 服务的执行原理

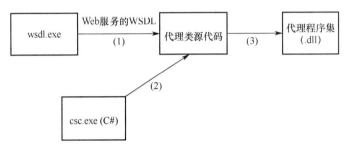

图 3-15　命令行方式调用 Web 服务

为了在命令行方式下方便、快速地定位相关程序，需要设定好系统的 path
环境变量（图 3-16）。

图 3-16　系统 Path 环境变量设置

对于 VS2010：

- csc. exe 程序位于 C：\windows\microsoft. NET\Framework\v4. 0. 30319；
- wsdl. exe 程序位于 C：\ program files \ Microsoft SDKs \ Windows \ v7. 0
  A\bin。

Path 环境变量设置好后，需要在命令行测试 wsdl. exe 路径设置是否正确
（图 3-17）。

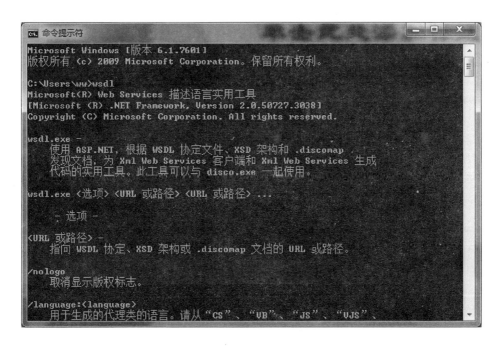

图 3-17　命令行方式直接运行 wsdl 测试 Path 环境变量设置

wsdl. exe 工具的命令行语法为：wsdl. exe ＜参数＞ ＜wsdl 文件的 URL 或者路径＞。

已有 Web 服务 myFirstWebService. asmx 位于本机 localhost 上，使用命令生成代理类的命令为：wsdl/l：cs/n：aSpacehttp://localhost/myFirstWebService. asmx ，则在当前目录下新生成了 myFirstWebService. cs 文件（图 3-18 和图 3-19）。

图 3-18　命令行方式生成代理类

编译这个 C#文件 myFirstWebService. cs 为 DLL（动态链接库）文件，方便

其他.Net 程序调用：csc /out：GreetingsPS. dll /t：library /r：system. data. dll /r：
system. web. services. dll myFirstWebService. cs。

在当前目录下，生成了 GreetsPS. dll 文件。如果其他.Net 程序想进行调用，只需引用 GreetsPS. dll 即可。

| GreetingsPS.dll | 2013/5/22 10:07 | 应用程序扩展 |
| myFirstWebService.cs | 2013/5/22 9:59 | Visual C# Sourc... |

图 3-19　当前目录新生成的文件

（2）使用 VS2010 创建一个控制台应用程序 Program. cs，通过调用代理类 GreetsPS. dll 来调用发布的 Web 服务。

Program. cs 程序如下：

```
using System;
using System. Collections. Generic;
using System. Linq;
using System. Text;
using aSpace;
namespace ConsoleApplication1
{
    class Program
    {
        static voidMain(string[] args)
        {
            myFirstWebService m = new myFirstWebService();
            string name = "王微微";
            Console. WriteLine("调用 Web 服务后返回的信息为:" + m.
            Hello(name));
            Console. ReadLine();
        }
    }
}
```

Program. cs 程序中，生成了类 myFirstWebService 的对象 m，但类 myFirst-WebService 不明，需要给项目添加引用，指示类 myFirstWebService 的位置。因此，在 VS2010 鼠标右击选中此控制台项目，在弹出菜单中选择"添加引用"（图 3-20）。在"添加引用"窗口，找到刚刚生成的代理类 GreetsPS. dll，确定添加（图 3-21）。

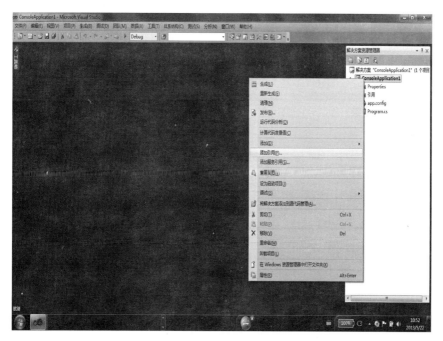

图 3-20　给项目添加引用

图 3-21　确定添加

现在运行 Program. cs 程序对应的控制台项目，项目执行结果表明通过代理类调用 Web 服务 myFirstWebService. asmx 成功（图 3-22）。

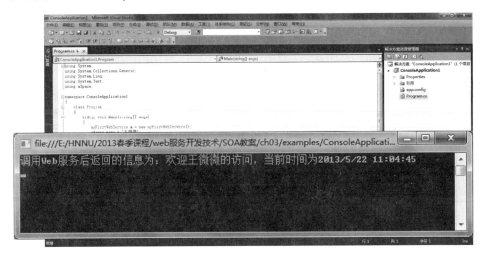

图 3-22　控制台项目通过代理类调用 Web 服务

3.1.3　创建 Web 服务

VS2010 是全面集成开发环境，可以开发、调试、测试、部署 Web 服务。以管理员身份启动 VS2010，"新建网站"窗口选择新建"ASP. NET Web 服务"选项（图 3-23）。

图 3-23　集成开发环境 VS2010 中新建 Web 服务

这样，Web 服务网站就已经创建好了，自动部署的网络地址为 http://localhost/UserWebService/。通过【解决方案资源管理器】可以看到网站中包含的文件和文件夹。

自动生成（后台编码）名为 UserWebService 的 Web 服务中包含了两个文件：Service. asmx 和 Service. cs（图 3-24）。. NET 平台下的 Web 服务程序的扩展名为 . asmx。

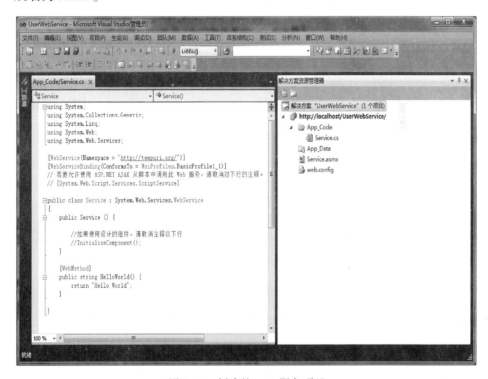

图 3-24　创建的 Web 服务项目

选中项目 UserWebService 鼠标右击，在弹出菜单中选择"添加新项"（图 3-25），然后在添加新项窗口中选择"Web 服务"（图 3-26），输入新项的 Web 服务的文件名为 UserService. asmx。

当前项目中，出现一个新的 Web 服务文件 UserService. asmx，选择此文件在编辑窗口编写此文件，文件中可以设置多个可调用的操作，其中有一个操作名为 HelloWorld（图 3-27）。

例子 UserService. asmx 中有一个操作 CheckLogin，功能是根据操作中的参数 name（用户名）和 password（密码）判断是否为合法用户。

下面，在 VS2010 中使用 ASP. NET 测试一下刚才已经在本机 localhost 上部署成功的 Web 服务 UserService. asmx。

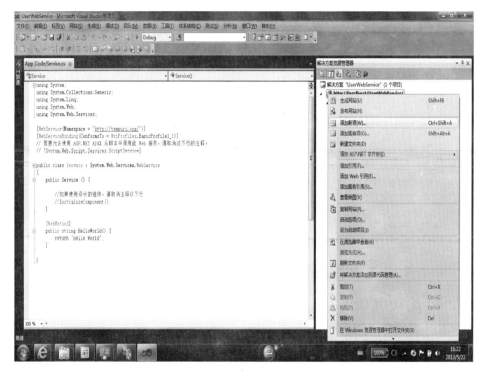

图 3-25　添加新项

图 3-26　在添加新项中选择 Web 服务

图 3-27　编辑 Web 服务文件 UserService. asmx

首先在项目中添加一个"Web 引用"（图 3-28），填入 UserService. asmx 的部署地址 http://localhost/UserWebService/UserService. asmx，给引用取名为 localhost. UserService。

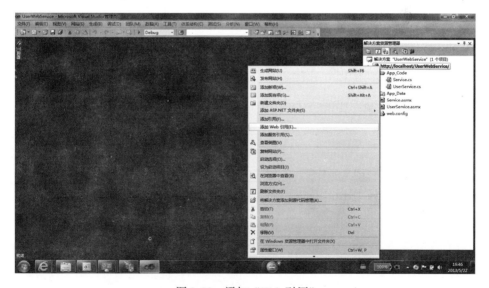

图 3-28　添加"Web 引用"

在项目中创建一个名为 login. aspx 的 ASP 文件（图 3-29），其代码如下所示。

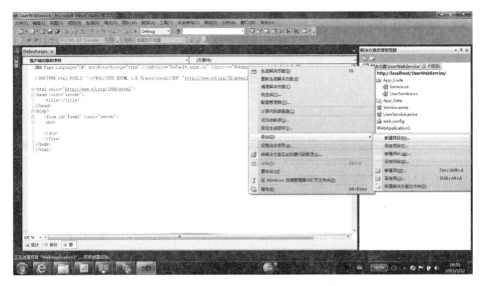

图 3-29　新建 login. aspx 的 ASP 文件

login. aspx:

```
using System;
using System. Collections. Generic;
using System. Linq;
using System. Web;
using System. Web. UI;
using System. Web. UI. WebControls;
namespace WebApplication1
{
    public partial class Login : System. Web. UI. Page
    {
        protected void Page_Load(object sender, EventArgs e)
        {
        }
        protected void ImageButton1_Click(object sender, Image-
        ClickEventArgs e)
        {
            //登录
            string name = txtName. Text. Trim();
            string password = txtPwd. Text. Trim();
            localhost. UserService user = new localhost. UserServi-
            ce();
```

```
if (user.CheckLogin(name, password))
{
    Session["userName"] = name;
    Response.Redirect("Default.aspx");
}
else
{
    Page.ClientScript.RegisterStartupScript(this.Ge-
tType(), "", "<script>alert('登录失败,请查看用
户名或密码是否正确。');</script>");
}
}
```

运行 login. aspx，可以看到调用 Web 服务中操作 CheckLogin 的运行结果
（图 3-30）

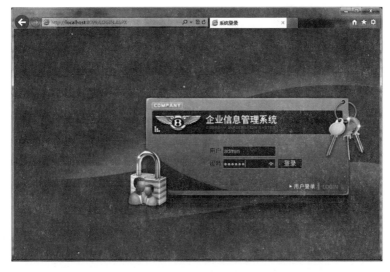

图 3-30　调用 Web 服务中操作 CheckLogin 的运行结果

3.2　基于 Java 的 Web 服务开发

. Net 平台下，Web 服务直接在 Windows 系统中的 IIS 上即可发布，而 Java
程序发布需要服务引擎完成。服务引擎实际上就是一个 SOAP 服务器，驻留在
服务引擎中的 Java 程序对外发布为 Web 服务，服务引擎接受 SOAP 请求完成
对 Web 服务的调用和响应。

3.2.1 开源 Web 服务引擎 Axis2

著名的开源 HTTP 服务器——Apache 项目数年来已在 Web 服务方面进行了大量的扩展工作，其主要精力放在 Java 平台开发上。Apache 当前的 Java SOAP Web 服务生产平台是第三代的 Axis 框架。Axis 得到了广泛的使用，这既包括开发人员下载并直接使用，也包括将其作为 SOAP 引擎嵌入到若干不同的应用服务器中。Web 服务是现在最适合实现 SOA 的技术，Axis 通常被认为是使用最广泛的 Java SOAP Web 服务平台，是实现 Web 服务的一种技术框架。

Axis2 是 Axis 的后续版本，是新一代的 SOAP 引擎。它设计为轻量 SOAP 处理引擎，可以采用很多方式进行扩展，其官网地址为 http://axis.apache.org/axis2/java/core/。与原来的 Axis 不同，Axis2 并不刻意对实现任何特定 API 进行约束。Axis2 最好的特性之一就是为 SOAP 消息使用的 AXIOM 对象模型。另一个 Axis2 的特性是对可插入数据绑定的支持。

Axis2 的主要特点如下：

（1）采用名为 AXIOM（AXIs Object Model）的新核心 XML 处理模型，利用新的 XML 解析器提供的灵活性按需构造对象模型；

（2）支持不同的消息交换模式；

（3）提供阻塞和非阻塞客户端 API；

（4）支持内置的 Web 服务寻址（WS-Addressing）；

（5）灵活的数据绑定，可以选择直接使用 AXIOM，使用与原来的 Axis 相似的简单数据绑定方法，或使用 XMLBeans 等专用数据绑定框架；

（6）新的部署模型，支持热部署；

（7）支持 HTTP、SMTP、JMS、TCP 传输协议；

（8）支持 REST（Representational State Transfer）。

Axis2 具有模块化体系结构（图 3-31），由核心模块和非核心模块组成。同时，Axis2 体系结构的设计充分考虑了以下原则：

（1）逻辑和状态分离，以提供无状态处理机制；

（2）所有信息位于一个信息模型中，允许对系统进行挂起和恢复；

（3）能够在不更改核心体系结构的情况下扩展功能。

Apache Axis2 Web 服务框架的一个主要优势在于，此框架从最开始就设计为使用各种数据绑定方法，并使用此方法来处理 XML 与数据结构间的转换，同时使用 Axis2 框架来处理实际的 Web 服务工作。

Axis2 提供了一系列工具来帮助开发人员使用此框架，其中最重要的是：

（1）从现有 Java 代码生成 WSDL 服务定义的工具。

图 3-31　Web 服务引擎 Axis2 体系结构关系图

Axis2 提供了 Java2WSDL 工具，可用于从现有服务代码生成 WSDL 服务定义。

此工具有很多限制，包括无法使用 Java 集合类以及在从 Java 类生成的 XML 的结构处理方面不灵活。

（2）允许从 WSDL 服务定义生成 Java 链接代码的工具。

Axis2 提供了 WSDL2Java 工具，用于从 WSDL 服务定义生成代码。

WSDL2Java 提供很多不同的命令行选项，Axis2 文档包括了选项的完整参考。

3.2.2　Axis2 平台下 Web 服务的开发

本节采用 Axis2 为服务引擎提供 Java 程序的 Web 服务发布和响应功能。

主要过程为：

① 编写 Web 服务对应的 Java 源程序，如 Axis2webservice 工程中 \src\server\ 下的 Hello. java 和 HelloInterface. java；

② 在 Myeclipse 开发工具中编译上述文件，生成二进制字节码文件 Hello. class 和 HelloInterface. class,\bin 下的 META-INF 目录和 server 目录，单击鼠标右键选择"添加到压缩文件"，选择压缩格式为"ZIP"，指定一个文件名，如"hello. zip"，把"hello. zip"修改扩展名为"hello. aar"

③ 把 hello. aar 文件复制到 D:\axis2-1. 4. 1\repository\services\，就完成了一个 web service 的部署和公开发布；

④ 编写客户端程序（Axis2webservice 工程中 \src\client 中 helloRPCClient. java 文件）采用 http 协议方式访问部署在 Axis 服务器中的 web service（即程序）。

具体步骤如下。

（1）安装 Web 服务引擎 Axis2。

先进入 Web 服务引擎 Axis2 的官网地址 http：//axis. apache. org/axis2/java/ core/，下载 axis2-1. 4. 1-bin. zip，解压缩后放于计算机的某个目录，如 D：\axis2-1. 4. 1。

注意：如果与 Web 服务器产品 TOMCAT 同时使用，必须修改 D：\axis2-1. 4. 1\conf\axis2. xml 文件中的端口号，把 8080 改为其他号码，如 8808。用"写字板"程序打开：D：\axis2-1. 4. 1\conf\axis2. xml，把 8080 改为其他号码，如 8808 即可。

双击运行 D：\axis2-1. 4. 1\bin\axis2server. bat，即可启动运行 Axis 服务器。Axis 服务器安装成功后，在浏览器中输入：http：//localhost：8808/axis/services/，即可看到在 D：\axis2-1. 4. 1\repository\services\ 目录下以 . aar 格式部署的 Web 服务程序。

所有 Web service 程序包括两个目录：

● META-INF 目录：下面有一个配置文件 services. xml 。

● server 目录：下面是 java 程序。

例子见 Axis2WebService\ bin 下（把 Axis2WebService. rar 解开可以看到），Axis2WebService. rar 文件解开后，由集成开发环境 Myeclipse（或 Eclipse）导入可以在 Axis2WebService\ src 目录下看到对应的 java 源代码程序。

（2）Web service 部署过程。

选中 Axis2WebService\ bin 下的 META-INF 目录和 server 目录，单击鼠标右键选择"添加到压缩文件"，选择压缩格式为"ZIP"，指定一个文件名，如"hello. zip"。把"hello. zip"修改扩展名后为"hello. aar"（所有在 Axis 服务器部署的 Web 服务必须打包成 . aar 格式）。把"hello. aar"文件复制到 D：\axis2-1. 4. 1\repository\services\，就完成了一个 Web Service 的部署和公开发布。

Axis2WebService. rar 是一个 Web 服务例子。

如图 3-32 所示，在浏览器输入 URL：http：//localhost：8808/axis2/services/，可以看到两个 Web 服务：HelloServices 和 Version。

单击 Web 服务 HelloServices，其服务描述语言 WSDL 文件显示如图 3-33 所示。

可以看到，Axis 服务器中部署了两个 Web 服务：Version（自带）和 HelloService（即刚刚放进去的 hello. aar，位于 D：\ axis2-1. 4. 1\ repository\ services\ 目录中）。

HelloService 中只有一个可调用方法（操作）：sayHello，HelloService 所对应的源代码在 Axis2WebService\ src\ server 下，主要是两个文件：Hello. java 和 HelloInterface. java。

Deployed services

Version

Available operations

- getVersion

HelloService

Available operations

- sayHello

图 3-32　部署在 Axis2 的 Web 服务

图 3-33　Web 服务 HelloServices 的 WSDL 描述

Hello. java 的源代码如下：

```
package server;
public class Hello implements HelloInterface {

//@ Override
public String sayHello (String name) {
    return " 您好!" +name;
}
```

Hello. java 之中确实只有一个方法：sayHello。

（3）在集成开发环境 Myeclipse（或 Eclipse）中选择 File- > Import，导入

已经创建成功的 Axis2WebService 工程（图 3-34 和图 3-35）。

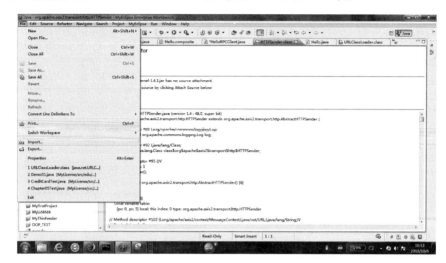

图 3-34　导入工程

图 3-35　选择导入已存在的项目

在图 3-35 中选择"Existing Projects into Workspace"后，单击"Next"按钮，选择已经创建的工程 Axis2webservice 所在的目录（图 3-36）。

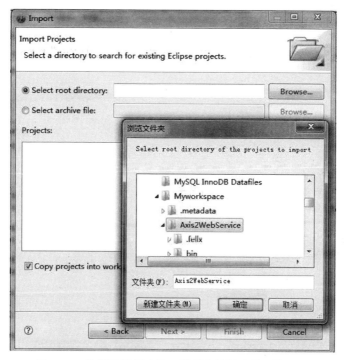

图 3-36 选择已经创建的工程所在的目录导入该工程

单击"确定",即可导入工程 Axis2service,在 Myeclipse 中的 Package Explorer 中可以看到导入工程相关文件(图 3-37)。

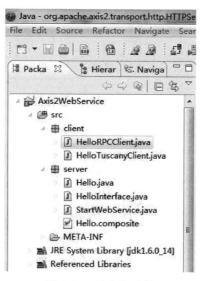

图 3-37 导入的工程

在 Axis2 官网下载的 Axis2 相关的类库软件包 lib. rar 解压缩后，将里面的 jar 文件导入此工程的 java build path 中（图 3-38）。

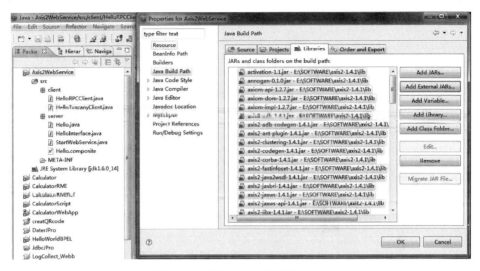

图 3-38　导入 Axis2 相关的 jar 包

鼠标右击 Axis2webservice 工程中\src\client 中的"helloRPCClient. java"文件，选 run as→Java Application，编译运行此 Java 程序（图 3-39）。

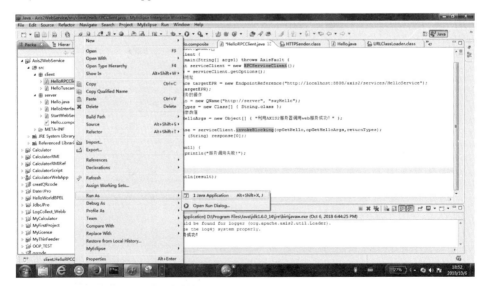

图 3-39　运行 Java 程序

此 Java 程序调用本节 Web 服务部署过程中已经部署发布好的 Web 服务中的 sayHello 方法成功（图 3-40），控制台显示运行结果："您好！利用 AXIS2

服务器调用 web 服务成功!"。

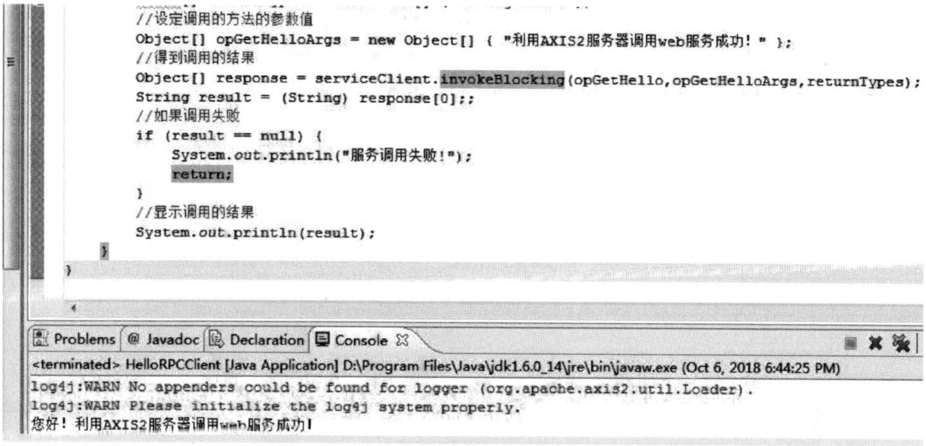

```
//设定调用的方法的参数值
Object[] opGetHelloArgs = new Object[] { "利用AXIS2服务器调用web服务成功!" };
//得到调用的结果
Object[] response = serviceClient.invokeBlocking(opGetHello,opGetHelloArgs,returnTypes);
String result = (String) response[0];;
//如果调用失败
if (result == null) {
    System.out.println("服务调用失败!");
    return;
}
//显示调用的结果
System.out.println(result);
```

```
Problems  @ Javadoc  Declaration  Console ✕
<terminated> HelloRPCClient [Java Application] D:\Program Files\Java\jdk1.6.0_14\jre\bin\javaw.exe (Oct 6, 2018 6:44:25 PM)
log4j:WARN No appenders could be found for logger (org.apache.axis2.util.Loader).
log4j:WARN Please initialize the log4j system properly.
您好! 利用AXIS2服务器调用web服务成功!
```

图 3-40　调用 Web 服务的方法运行结果

注意：如果与 Web 服务器产品 TOMCAT 同时使用，必须把 helloRPCClient. java 文件中原目标端口引用部分的端口号进行匹配正确，即：

```
EndpointReference targetEPR = new EndpointReference ("http://lo-
calhost:8080/axis2/services/HelloService");
```

改为

```
EndpointReference targetEPR = new EndpointReference ("http://lo-
calhost:8808/axis2/services/HelloService");
```

因为前面 Axis2 启动时的端口号已经改为：8808。

至此，在 Java 编程环境下，采用 Axis2 作为 Web 服务的部署容器（SOAP 服务器），远程客户端调用成功。

练习题

一、思考题

1. . Net 平台下 Web 服务的开发中，如何生成代理类？如何通过代理类创建一个 Web 服务？

2. . Net 平台下 Web 服务应用与 Web 引用有什么异同？

3. . Net 平台下，项目中引用了 Web 服务，如何调试该 Web 服务？

4. . Net 平台下编译注解［WebMethod］的工作原理是什么？. Net 平台下 Web 服务程序的默认扩展名是什么？

5. 简单陈述采用开源 Web 服务引擎 Axis2 的 Web 服务应用开发步骤。

6. 比较一下 .Net 平台下编译注解和 Java 中的编译注解。

二、应用题

1. 利用 .Net 平台和 Java 环境，分别开发一个能够根据 IP 地址提供天气预报的 Web 服务。

2. 编写一个模拟网上银行支付功能的 Web 服务。要求：

（1）输入消费金额、卡号、密码；

（2）能够判断是否是银行卡账户的合法用户；

（3）交易成功后，能输出卡上余额。

第 **4** 章

Web 服务描述语言

本章学习目标：

通过本章的学习，了解服务描述语言的重要作用，掌握互联网时代 Web 服务的说明书——Web 服务描述语言，并以 WSDL 语言为例，理解 WSDL 文档结构、WSDL SOAP 绑定，以及 WSDL 在 Web 服务开发中的作用。

本章要点：

- Web 服务描述语言的功能与定位；
- WSDL 文档结构；
- WSDL 如何与 SOAP 绑定使用；
- WSDL 在 Web 服务开发中的作用。

为支持 Web 服务体系结构基本操作（服务发布、服务发现和服务绑定），SOA 需要对服务进行一定的描述，即服务描述，服务描述应具有以下特点：要声明服务提供者的语义特征；要声明接口特征；要声明各种相关的非功能性特征，如安全要求、事务要求等。

服务描述使得 Web 服务能够表达它的接口和功能，以实现消息互操作性，这些规范还启用了开发工具互操作性。描述规范提供了一个标准的模型，使得各种工具能够协同支持开发人员，把合作伙伴从开发工具中选择分离出来。

4.1　什么是 WSDL？

WSDL 的全称是 Web 服务描述语言（Web Services Description Language），即 Web 服务的说明书。SOAP、WSDL、UDDI 通常被认为是 Web 服务的支撑协议，通过上面章节对 HTTP 和 XML 协议的讲解，有助于了解 Web 服务的基本设计思路。规范与协议定义了关于 Web 服务最基本的特征，但涉及具体实现这些特征的细节，却没有做出深入的决定。而各个软件提供商，会根据自己现有产品的特征，遵循规范来提供自己的 Web 服务平台。

如图 4-1 所示，SOA 中三大角色（服务请求者、服务提供者、服务中介者）之间，都与服务描述的发布和发现有关。为支持以上 3 种操作，SOA 需要对服务进行一定的描述，即服务描述。服务描述应具有以下特点：

（1）要声明服务提供者的语义特征；

（2）要声明接口特征；

（3）要声明各种相关的非功能性特征，如安全要求、事务要求等。

由此，WSDL 在 SOA 中起到了服务发布和服务发现的重要作用。

图 4-1　WSDL 在 SOA 中的作用

服务描述语言是一个用来描述 Web 服务和说明如何与 Web 服务通信的 XML 语言，为用户提供详细的接口说明书，允许 Web 服务文档化接受和发送的消息。WSDL 支持单向输入消息，并可以单向发送，增强支持文档化服务的协议和消息格式及服务的地址，获取描述使得服务的潜在用户能够便捷地找到服务提供者所提供服务的描述信息。

WSDL 是一种使用 XML 编写的文档。这种文档可描述某个 Web Service。它可规定服务的位置，以及此服务提供的操作（或方法）。WSDL 描述了 Web 服务的 3 个基本属性。

（1）服务做了什么：服务所提供的操作（方法）。

（2）如何访问服务：数据格式详情及访问服务操作的必要协议。

（3）服务位于何处：由特定协议决定的网络地址，如 URL。

WSDL 具有以下特征：

（1）WSDL 指 Web 服务描述语言；

（2）WSDL 使用 XML 编写；

（3）WSDL 是一种 XML 文档；

（4）WSDL 用于描述 Web 服务；

（5）WSDL 也可用于定位 Web 服务；

（6）WSDL 还不是 W3C 标准。

在 2001 年 3 月，WSDL 1.1 被 IBM、微软作为一个 W3C 记录（W3C note）提交到有关 XML 协议的 W3C XML 活动，用于描述网络服务。W3C 记录仅供讨论。一项 W3C 记录的发布并不代表它已被 W3C 或 W3C 团队，亦或任何 W3C 成员认可。在 2002 年 7 月，W3C 发布了第一个 WSDL 1.2 工作草案。

WSDL 在 SOA（面向服务的体系结构）中的角色定位如下。

WSDL 是一种接口定义语言（Interface Definition Language，IDL），用于定义 SOA 组件之间的接口，它为描述组件之间的通信提供了一种标准语言。没有这种标准的 IDL，就必须借助某种特殊的文档结构才能和这些 SOA 组件接口进行通信。

企业级的 Java 开发人员通常会关注于一项技术随着企业边界的不同而表现出的可伸缩性。对于 SOA 的情况，必须确保不同部门（例如，订单处理和客服服务部门）创建的 Web 服务也能够进行互操作。任何时候，当需要设计这种可以跨越不同边界、具有伸缩性的系统时，成功的关键因素之一就是要定义良好的接口。因此，不能依靠自己特殊的文档结构来定义接口，必须有一个标准，而业界接受的标准就是 WSDL 1.1。

4.2　WSDL 文档结构

WSDL 本身是基于 XML 的文档，可包含其他的元素，比如 extension 元素，以及一个 service 元素，此元素可把若干个 Web services 的定义组合在一个单一的 WSDL 文档中。

WSDL 使用 XML 语言来描述 Web 服务。WSDL 分别从具体级别和抽象级别来描述 Web 服务。在抽象级别，WSDL 通过接收、发送消息的格式来描述 Web 服务。WSDL 中的操作通过消息交换模式将消息关联在一起，接口将一组操作组织在一起。在具体级别，WSDL 中的绑定为接口指定了传输协议和交换格式，端点把网络地址和绑定关系关联到一起，服务把针对同一通用接口的端点关联到一起。WSDL 元素的关系如图 4-2 所示。

WSDL 文档利用如下主要的元素来描述某个 Web Service（表 4-1）。

其中：

（1）类型（Types）：数据类型定义的容器，包含了所有在消息定义中需要的 XML 元素的类型定义。

（2）消息（Messages）：使用 Type 所定义的类型来定义整个消息的数据结构，Message 元素包含了一组 Part 元素，每个 Part 元素都是最终消息的一个组成部分。

（3）操作（Operation）：对服务中所支持操作的抽象描述。一般单个操作描述了一个访问入口的请求/相应消息对。

（4）端口类型（PortType）：具体定义了一种服务访问入口的类型，包含若干 Operation。而一个 Operation 则是指访问入口支持的一种类型的调用。在 WSDL 里面支持 4 种访问入口调用模式：单向请求、单向响应、请求响应、响应请求。

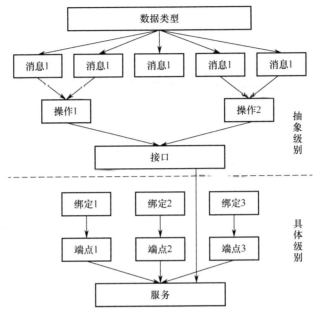

图 4-2　WSDL 元素之间的关系

表 4-1　WSDL 文档的主要元素

元素	定义
< portType >	Web service 执行的操作
< message >	Web service 使用的消息
< types >	Web service 使用的数据类型
< binding >	Web service 使用的通信协议
< service >	Web service 使用的操作的集合

（5）绑定（Binding）：定义某一个 PortType 与某种具体的网络传输协议或消息传输协议绑定，包含了如何将端口类型转变为具体数据表示的细节。

（6）端口（Port）：通过为绑定制定一个地址来定义一个服务访问端点，描述了服务访问入口的细节，包含地址、消息调用模式。

（7）服务（Service）：将一组相关端口组合在一起。

WSDL 文档结构关系如图 4-3 所示。

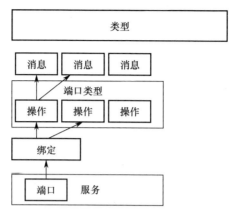

图 4-3　WSDL 文档结构关系

WSDL 端口：< PortType > 元素是最重要的 WSDL 元素。它可描述一个 Web Service、可被执行的操作以及相关的消息。可以把 < PortType > 元素比作传统编程语言中的一个函数库（或一个模块，或一个类）。

WSDL 消息：< Message > 元素定义一个操作的数据元素。

每个消息均由一个或多个部件组成。可以把这些部件比作传统编程语言中一个函数调用的参数。

WSDL Types：< Types > 元素定义 Web Service 使用的数据类型。为了最大程度的平台中立性，WSDL 使用 XML Schema 语法来定义数据类型。

WSDL Bindings：< Binding > 元素为每个端口定义消息格式和协议细节。

WSDL 文档是利用这些主要的元素来描述某个 Web Service 的。

一个 WSDL 文档的主要结构是类似如下形式：

```
<definitions >
<types >
    definition of types........
</types >
<message >
    definition of a message....
</message >
<portType >
    definition of a port.......
</portType >
<binding >
    definition of a binding....
</binding >
</definitions >
```

操作类型：请求－响应是最普通的操作类型，WSDL 定义了 4 种操作类型
（表4-2）

表 4-2　WSDL 定义的操作类型

类型	定义
One-way	此操作可接受消息，但不会返回响应
Request-response	此操作可接受一个请求，并会返回一个响应
Solicit-response（同步传输）	此操作可发送 个请求，并会等待一个响应
Notification（异步传输）	此操作可发送 一条消息，但不会等待响应

一个 One-way 操作的例子如下：

```
<message name = "newTermValues">
  <part name = "term" type = "xs:string"/>
  <part name = "value" type = "xs:string"/>
</message>

<portType name = "glossaryTerms">
  <operation name = "setTerm">
    <input name = "newTerm" message = "newTermValues"/>
  </operation>
</portType>
```

在这个例子中，端口 "glossaryTerms" 定义了一个名为 "setTerm" 的 One-way 操作。

这个 "setTerm" 操作可接受新术语表项目消息的输入，这些消息使用一条名为 "newTermValues" 的消息，此消息带有输入参数 "term" 和 "value"。不过，没有为这个操作定义任何输出。

一个 Request-response 操作的例子如下：

```
<message name = "getTermRequest">
  <part name = "term" type = "xs:string"/>
</message>

<message name = "getTermResponse">
  <part name = "value" type = "xs:string"/>
</message>

<portType name = "glossaryTerms">
  <operation name = "getTerm">
```

```
   <input message = "getTermRequest"/ >
   <output message = "getTermResponse"/ >
  </operation >
 </portType >
```

在这个例子中，端口 "glossaryTerms" 定义了一个名为 "getTerm" 的 Request-response 操作。

"getTerm" 操作会请求一个名为 "getTermRequest" 的输入消息，此消息带有一个名为 "term" 的参数，并将返回一个名为 "getTermResponse" 的输出消息，此消息带有一个名为 "value" 的参数。

WSDL 文档中各个部分具体举例如下。

1）Types

Types 元素包含了交换消息的数据类型定义。

```
<definitions.... >
  <types >
     <xsd: schema.... / > *
  </types >
</definitions >
```

2）Message

Message 元素具体定义了在通信中使用的消息的数据结构，包含了一组 Part 元素。每个 Part 元素都是最终消息的一个组成部分，每个 Part 都会引用一个 DataType 来表示它的结构。Part 元素不支持嵌套，都是并列出现的。

3）PortType

PortType 定义了一种服务访问入口类型，是一个由抽象操作和抽象消息构成的有名称的集合。一个 PortType 可以包含若干个 Operation，而一个 Operation 则是指访问入口支持的一种类型的调用。WSDL 支持 4 种访问入口调用模式：单请求、单响应、请求/响应、响应/请求。

```
<wsdl:definitions.... >
  <wsdl:portType   name = "nmtoken" > *
    <wsdl:operation name = "nmtoken" >
      <wsdl:input name = "nmtoken"? message = "qname"/ >
      <wsdl:output name = "nmtoken"? message = "qname"/ >
      <wsdl:fault name = "nmtoken" message = "qname"/ > *
    </wsdl:operation >
  </wsdl:portType >
</wsdl:definitions >
```

4）Service

Service 描述的是一个具体的被部署的 Web 服务所提供的所有访问入口的部署细节，一个 Service 往往包含多个服务访问入口，而每个访问入口都会使用一个 Port 元素来描述。

```
<wsdl:service name = "nmtoken" > *
    <wsdl:documentation.... / >?
    <wsdl:port name = "nmtoken" binding = "qname" > *
        <wsdl:documentation.... / > ?
        <-- extensibility element -- >
    </wsdl:port >
    <-- extensibility element -- >
</wsdl:service >
```

5）Port

Port 描述的是一个服务访问入口的部署细节，包括通过哪个 Web 地址（URL）来访问，应当使用怎样的消息调用模式来访问等。其中消息调用模式则是使用 Binding 结构来表示的。

6）Binding

Binding 结构定义了某个 PortType 与某一种具体的网络传输协议或消息传输协议绑定，从这一层起，描述的内容就与具体服务的部署相关了。如可将 PortType 与 SOAP/HTTP 绑定，或将 PortType 与 MIME/SWTP 绑定等。

```
<wsdl:binding name = "nmtoken" type = "qname" > *
        <wsdl:documentation.... / >?
        <-- extensibility element -- > *
        <wsdl:operation name = "nmtoken" > *
            <wsdl:documentation.... / > ?
            <-- extensibility element -- > *
            <wsdl:input > ?
                <wsdl:documentation.... / > ?
                <-- extensibility element -- >
    </wsdl:input >
            <wsdl:output > ?
                <wsdl:documentation.... / > ?
                <-- extensibility element -- > *
            </wsdl:output >
            <wsdl:fault name = "nmtoken" > *
                <wsdl:documentation.... / > ?
                <-- extensibility element -- > *
```

```
</wsdl:fault >
     </wsdl:operation >
   </wsdl:binding >
```

7）服务接口

服务接口由 WSDL 文档来描述，这种文档包含服务接口的 Types、Import、Message、PortType 和 Binding 等元素。服务接口包含将用于实现一个或多个服务的 WSDL 服务定义，它是 Web 服务的抽象定义，并被用于描述某种特定类型的服务。UML 描述的 WSDL 概念模型如图 4-4 所示。

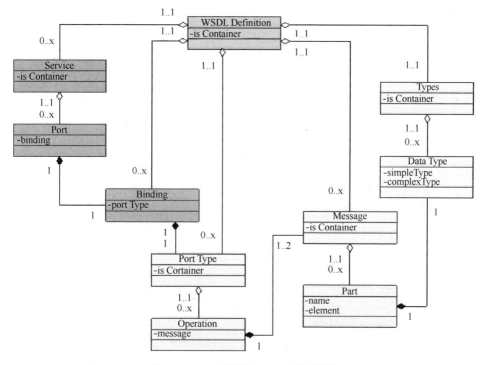

图 4-4　UML 描述的 WSDL 概念模型

某个 WSDL 文档的简化片段如下：

```
<message name = "getTermRequest" >
  <part name = "term" type = "xs:string"/ >
</message >

<message name = "getTermResponse" >
  <part name = "value" type = "xs:string"/ >
</message >
```

```
<portType name = "glossaryTerms" >
  <operation name = "getTerm" >
        <input message = "getTermRequest"/ >
        <output message = "getTermResponse"/ >
  </operation >
</portType >
```

在这个例子中，PortType 元素把 "glossaryTerms" 定义为某个端口的名称，把 "getTerm" 定义为某个操作的名称。

操作 "getTerm" 拥有一个名为 "getTermRequest" 的输入消息，以及一个名为 "getTermResponse" 的输出消息。

Message 元素可定义每个消息的部件，以及相关联的数据类型。

对比传统的编程，"glossaryTerms"是一个函数库，而 "getTerm" 是带有输入参数 "getTermRequest" 和返回参数 "getTermResponse"的一个函数。

4.3　WSDL SOAP 绑定

Web 服务的有效负载信息包装在 SOAP 消息中，SOAP 消息结构由 WSDL 文档中的 SOAP 绑定定义确定。SOAP 消息体通过绑定服务调用方式封装操作，绑定编码方式序列化参数。调用方式和编码方式的不同组合就产生了多种 SOAP 绑定样式，而不同样式的 SOAP 消息构造各不相同，也有各自的优缺点。WSDL 绑定可为 Web 服务定义消息格式和协议细节。

4.3.1　SOAP BODY

SOAP 消息体（SOAP Body）提供了一种消息交换的机制，是 SOAP 消息的实际负载，可包含任意内容。SOAP Body 通过绑定服务调用方式（RPC 或者 Document）封装操作，绑定编码方式（Encoded 或者 Literal）序列化参数。SOAP 消息的绑定样式由 style、use 和 encodingStyle 这 3 个属性共同设置。style 属性指定服务的调用方式是采用 RPC 方式还是 Document 方式；use 属性指定消息的编码方式是采用 Encoded 方式还是采用 Literal 方式；而 encodingStyle 属性指定具体编码规则，例如可以指定 SOAP 编码规则、XML Schema 编码规则等，通常情况下都是采用 XML Schema。

style 属性描述了服务的调用方式，取值为"rpc"或者"document"，默认值为"document"。适用于 SOAP Body 元素的子元素（也可能是孙级元素）。此选项指定为 WSDL 文档中的 soap：binding 元素（通常情况下）或者 soap：operation 的 style 属性。

RPC：（Remote Procedure Call）采用客户端/服务器方式（请求/响应），发送请求到服务器端，服务端执行方法后返回结果。优点是跨语言跨平台，缺点是编译时无法排错，只能在运行时检查。

SOAP 消息本质上是一种从发送方到接收方的单向传输，但是 SOAP 经常组合到实现请求/响应机制中。要让 RPC 使用 SOAP，必须遵循几条规则。首先，请求和响应消息必须被编码成结构类型。其次，对一个操作的每一个输入参数，都必须有一个同名元素（或输入结构的成员）作为参数。最后，对每一个输出参数，都必须有一个名称匹配的元素（或输出结构的成员）。

style = "rpc" 指明遵从 SOAP 标准，在 SOAP Body 中封装 RPC 调用的请求和返回操作。对该类消息的约束是必须把操作的名称作为封装了对操作的请求和响应消息负载的根元素名称。对于 SOAP 请求消息，请求操作的名称是根据 WSDL 文档中的 wsdl：operation 元素命名，后者对应 Web 服务方法。对于 SOAP 响应消息，响应操作的名称是请求操作的名称后面追加"Response"构成。操作元素中的每个子元素表示一个参数，根据 WSDL 文档中的 wsdl：part 元素命名。

use 属性描述了消息序列化的方式，取值为"encoded"或者"literal"，默认值是"literal"。如果 use = "encoded"，设置 encodingStyle 属性的值指定编码规则。如果 use = "literal"，可以不用设置 encodingStyle 属性的值，通常情况都是使用默认的 XML Schema，适用于出现在下一个级别的 Web 服务方法参数（或返回值）。此选项指定为 WSDL 文档中的 soap：body、soap：header、soap：fault 和 soap：headerfault 元素的 use 属性。

一个请求-响应操作的例子（绑定到 SOAP）如下。

```
<message name = "getTermRequest" >
  <part name = "term" type = "xs:string" / >
</message >

<message name = "getTermResponse" >
  <part name = "value" type = "xs:string" / >
</message >

<portType name = "glossaryTerms" >
  <operation name = "getTerm" >
    <input message = "getTermRequest" / >
    <output message = "getTermResponse" / >
  </operation >
```

```
</portType>

<binding type="glossaryTerms" name="b1">
<soap:binding style="document"
transport="http://schemas.xmlsoap.org/soap/http"/>
  <operation>
    <soap:operation
    soapAction="http://example.com/getTerm"/>
    <input>
      <soap:body use="literal"/>
    </input>
    <output>
      <soap:body use="literal"/>
    </output>
  </operation>
</binding>
```

binding 元素有两个属性，即 name 属性和 type 属性。

name 属性定义 binding 的名称，而 type 属性指向用于 binding 的端口，在这个例子中是 "glossaryTerms" 端口。

soap：binding 元素有两个属性——style 属性和 transport 属性。

style 属性可取值 "rpc" 或 "document"。在这个例子中使用 document。transport 属性定义了要使用的 SOAP 协议。在这个例子中使用 HTTP。

operation 元素定义了每个端口提供的操作符。

对于每个操作，相应的 SOAP 行为都需要被定义。同时必须知道如何对输入和输出进行编码。在这个例子中使用了 "literal"。

WSDL SOAP 绑定如下：

WSDL 允许通过扩展使用其他的类型定义语言（不仅仅是 XML Schema），允许使用多种网络传输协议和消息格式。SOAP 协议绑定扩展是最为常见的。

（1）soap：address 为 SOAP 服务访问指定网络地址。

（2）soap：binding 表明 WSDL 文档绑定到 SOAP 协议格式，该元素在使用 SOAP 绑定时是必需的。soap：binding 元素可以定义 SOAP 的通信风格和传输协议。SOAP 提供两种常见的通信风格：一是面向过程调用的 "rpc" 风格；二是面向消息的 "document" 风格，该风格更灵活强大，更好地适合 SOA 松耦合的特点，同步异步消息传递均可使用，通常是优选的 SOAP 通信风格。

```
<definitions....>
    <binding....>
```

```
        <soap:binding transport = "uri"?
                      style = "rpc |document"?  >
    </binding >
</definitions >
```

（3）soap：operation 为 SOAP 服务操作提供信息，通常可以指明此操作的 SOAPAction HTTP 头。

```
<definitions .... >
    <binding .... >
        <operation .... >
            <soap:operation soapAction = "uri"?
                style = "rpc |document"? >?
        </operation >
    </binding >
</definitions >
```

（4）soap：body 指出了消息部分应如何在 SOAP Body 元素中表现。

```
<definitions .... >
    <binding .... >
        <operation .... >
            <input >
                <soap:body parts = "nmtokens"? use = "literal |enc-
                    oded"?
```

（5）soap：body。

```
encodingStyle = " uri-list"? namespace = " uri"? >
            </output >
        </operation >
    </binding >
</definitions >
```

4.3.2　SOAP 绑定方式

在 WSDL 的 SOAP 绑定描述中，可以对通信风格 binding style 与 SOAP 用法模型进行排列组合，得出 4 种不同 SOAP 消息模型：RPC/编码、RPC/文字、文档/编码、文档/文字。

1. RPC/编码

优点：WSDL 比较简单。

缺点：消息中包括类型编码信息，额外开销影响性能，降低系统可伸缩性。

2. RPC/文字

优点：解决了 RPC/编码方式中 SOAP 消息包含类型编码问题和 SOAP 编码规则引入互操作性问题，符合 WS-I 规范。

缺点：不能简单检验此消息的有效性，SOAP 消息部分来自 WSDL 定义。

3. 文档/编码方式

该方式是一种自相矛盾的消息格式，现实中从未有任何实现。

4. 文档/文字方式

优点：SOAP 消息中没有编码信息。可用任何 XML 检验器检查此消息的有效性。SOAP Body 中的每项内容都定义在 XML Schema 中。最大程度解决 Web 服务的互操作性，是 WS-I 推荐采用的消息模型。

style 和 use 属性都有两个值，通过它们之间的不同组合，就可以产生 4 种绑定样式，分别是 rpc-literal、rpc-encoded、document-literal 和 document-encoded。为了使 Document 绑定样式能够支持 RPC 绑定样式的调用，增加了一种包装（Wrapped）样式，它只不过是对 Document 样式的使用进行了约束。这样就又增加了两种绑定样式，即 document-literal-wrapped 和 document-encoded-wrapped，一共合起来就有 6 种绑定样式。下面通过一个加法服务为例，说明在主要的两种绑定样式下的 SOAP 消息构造，服务的定义如下：

```
//Java Code
public  int add (int  a , int  b)
{
    return a +b;
}
```

从服务的定义可以看出，输入操作的操作名为 add，有 a 和 b 两个整数类型的输入参数。根据 WSDL 规范返回操作的操作名应该为 addResponse，有一个整数类型的输出参数，假设命名为 return。

操作的序列化是需要名称空间限定的。如果是 RPC 调用方式，则名称空间是 soap：body 的 namespace 属性值；如果是 Document 调用方式，名称空间则是输入消息引用的 Schema 的 targetNamespace 属性值。参数的序列化是否需要名称空间限定取决于 Schema 定义时 elementFormDefault 属性的值。如果值为"qualified"，则表示需要限定，名称空间为 Schema 的 targetNamespace 属性值；如果值为"unqualified"表示不用限定，默认值为"unqualified"。操作序列化后的元素作为 SOAP 消息体的子元素，而每个参数序列化后的元素都是作为操作元素的子元素，排列的顺序和操作的参数定义顺序一样。

假定以下所有 SOAP 消息都是在如下条件下构造：

如果 use = " encoded "，则 encodingStyle 的值为 " http：//schemas. xmls

oap. org/soap/encoding/"；如果 use = " literal"，则使用" http：//www. w3. org/
2001/XMLSchema"编码。

如果 style = " rpc"，则 wsdl：part 部分的类型引用使用 type 属性；如果
style = "document"，则使用 element 属性。

1）rpc-literal 绑定样式

WSDL 描述：

```
< wsdl:definitions xmlns:wsdl = " http://schemas. xmlsoap. org/
  wsdl/"
  xmlns:ns = " http://act. buaa. edu. cn/add" xmlns: xsd = "http://
www. w3. org/2001/XMLSchema"
targetNamespace = "http://act. buaa. edu. cn/add" >
< wsdl:message name = "addRequest" >
< wsdl:part name = "a" type = "xsd:int"/ >
    < wsdl:part name = "b" type = "xsd:int "/ >
</wsdl:message >
< wsdl:message name = "addReponse" >
    < wsdl:part name = "return" type = "xsd:int"/ >
</wsdl:message >
<! --Just assume it's rpc-literal. -- >
......
```

SOAP 请求消息：

```
< env:Envelope xmlns:env = "http://schemas. xmlsoap. org/soap/  en-
velope/" >
   < env:Body >
     < op: add  xmlns:op = "http://act. buaa. edu. cn/add" >
       < a >12 </a >
<b >45 </b >
     </op: add >
   </env:Body >
</env:Envelope >
```

优点：WSDL 描述和 SOAP 消息基本达到了尽可能简单易懂的要求；服务
的操作名出现在 SOAP 消息的 Body 中，这样接收者就可以很轻松地把消息发
送到方法的实现；没有类型编码，提高了吞吐量，减少了处理的性能开销。

缺点：在 RPC 模型中 XML 仅仅被用于描述方法的信息，不能充分利用
XML 的功能去描述和验证一份业务文档；不能使用 Schema 简单地检验此消息
的有效性，因为只有参数 a 和 b 是 Schema 中定义的内容，其余的 env：body

内容（例如 add 元素）都来自 WSDL 定义；无法直接从消息中获得参数的类型信息；RPC 样式对请求/响应消息的模式捆绑，使得服务与客户端之间耦合性增加，一旦方法发生变化，客户端就需要做相应的改动；相对异步调用方式而言，RPC 样式下服务调用通常是同步的。

2) document /literal 绑定样式

WSDL 描述：

```
< wsdl·definitions xmlns:wsdl = " http://schemas. xmlsoap. org/
wsdl/"
xmlns:ns = "http://act. buaa. edu. cn/add" targetNamespace =
" http://act. buaa. edu. cn/add " >
< wsdl :types >
< xs:schema elementFormDefault = "qualified" targetNamespace = "ht-
tp://act. buaa. edu. cn/add"  xmlns: xs  = " http://www. w3. org/2001/
XMLSchema" >
        < xs:element name = "a"  type = "xs:int " / >
        < xs:element name = "b"  type = "xs:int " / >
        < xs:element name = "return"  type = "xs:int " / >
</xs :schema >
</wsdl :types >
< wsdl:message name = "addRequest" >
    < wsdl:part  name = "parameter1" element = "ns:a"/ >
< wsdl:part  name = "parameter2" element = "ns:b"/ >
</wsdl:message >
< wsdl:message name = "addReponse" >
    < wsdl:part name = "parameter" element = "ns:return"/ >
</wsdl:message >
<! --Just assume it's  document-literal. -->
……
```

SOAP 请求消息：

```
< env:Envelope xmlns:env = "http://schemas. xmlsoap. org/soap/enve-
lope/"
xmlns:op = "http://act. buaa. edu. cn/add" >
< env:Body >
    < op:a >12 </op:a >
< op:b >45 </op:b >
</env:Body >
</env:Envelope >
```

请求消息的参数元素添加了名称空间限定，这是因为输入消息在 WSDL 文档的 Schema 中定义，而且 Schema 的 elementFormDefault = "qualified"。也就是说参数元素必须使用 Schema 的名称空间" http：//act. buaa. edu. cn/add" 进行限定。

优点：没有操作和类型编码信息，减少了消息的数据量，提高了消息处理性能；env：Body 中每项内容都定义在 Schema 中，可以用任何 XML 检验器检验此消息的有效性。

缺点：WSDL 文档变得比较复杂，这不过是一个非常小的缺点，因为 WSDL 并没有打算由人来读取；SOAP 消息中没有提供服务操作的名称，一些特定的程序代码在分发消息时可能会变得复杂，并且有时变得不可能。如果使用 HTTP 作为底层传输协议，可以使用 SOAPAction 属性绑定操作的名称来解决消息分发的问题。虽然大多数情况下，都是使用 HTTP 协议来传输 SOAP 消息，但是这种方法绑定了底层传输协议，限制了其他传输协议的使用。

4.3.3　互操作性

企业的业务应用之间，统一标准可使信息和业务流程整合更加方便、高效，Web 服务则实现了业务应用层间的自由对话。

标准意味着所有人使用同一套技术，不同技术间能够遵循特定规范相互连通整合，即公认的工业标准。所有第一代 Web 服务规范可认作标准。

规范指被提议的或公认的标准，以规范来描述。XML 标准、第一代 Web 服务标准，以及 WS-*扩展都以规范的方式存在。扩展典型地代表 WS-*规范及 WS-*规范所提供的特性。

Web 服务相关的 3 个主要标准组织。

（1）万维网联盟（World-Wide Web Consortium，W3C），又称 W3C 理事会。1994 年 10 月在麻省理工学院计算机科学实验室成立，是 Web 领域内最权威的中立机构，关于 Web 的一切标准均由此论坛讨论制定。W3C 推动了许多重要的 Web 服务基本标准开发，首先就是 SOAP 和 WSDL 标准。

（2）结构化信息标准促进组织（Organization for the Advancement of Structured Information Standards，OASIS）是一个推进电子商务标准的发展、融合与采纳的非盈利性国际化组织，也是公认的互联网标准制定组织。

OASIS 对 UDDI 规范做出了巨大贡献，是 WS-BPEL 规范的标准化组织，有力推进了 XML 和 Web 服务安全扩展的开发。

（3）Web 服务互操作组织（Web Service Interoperability Organization，WS-I）的主要目的不是创建新标准，而是确保最终实现开放的互操作目标。最为人知的是发布基本概要文件（WS-I Basic Profile）为核心 Web 服务规范，如

SOAP、WSDL 及 UDDI 提供互操作性上的指引。概要使用 Web 服务描述语言（WSDL）将服务描述为操作消息的端点的集合。

下面重点陈述 WS-I 组织及其规范。

有许多与 Web 服务相关的规范，这些规范成熟的程度不同，由不同的标准组织或机构来维护和支持。不同的标准或互相补充，或有所重叠，或互相竞争。Web 服务规范有时统称为"WS-*"，既不存在一个具有清晰范围的规范集，这些规范也没有公认的统一所属机构。

虽然 Web 服务解决了异构平台/系统之间应用的互操作性，但是不同 Wob 服务实现平台的差异性带来了新的互操作性问题。主要原因如下：

（1）不同的标准化组织规定了许多不同的 Web 服务标准，各标准也有许多不同的版本。

（2）WSDL/SOAP 协议的某些规定的模糊性和灵活性，使得每个人对协议本身的理解并不完全一致。

（3）不同 Web 服务实现平台对 Web 服务标准的支持程度不一致。

于是成立了 WS-I 组织，它致力于促进跨平台、跨操作系统和跨程序语言的网络服务互操作性。然而 WS-I 不是一个标准制订组织，它只是站在实践的角度，为在不同的环境下如何选择和使用各标准组织提供的各类标准提出实践的建议，它是 W3C 的补充。

WS-I 的第一个基本概要（Basic Profile 1.0，BP 1.0）在阐明各个规范方面做得非常不错，但它并不完美，尤其对 SOAP with Attachments（Sw/A）的支持仍然相当不明确。于是同一年，WS-I 发布了第二个基本概要（BP 1.1）用于描述 SOAP 1.1、WSDL 1.1 和带附件的 MIME SOAP 协议的互操作性。WS-I 将附件从 BP 1.1 中分离出来，并对第一版中没有讨论的内容进行了补充。当时 WS-I 添加了两个互不包括的基本概要补充文档：AP 1.0 和 SSBP 1.0。AP 1.0 是附件概要（Attachment Profile），描述如何使用 Sw/A。SSBP 1.0 是简单 SOAP 绑定概要（Simple SOAP Binding Profile），描述并不支持 Sw/A 的 Web 服务引擎。WS-I 所提供的其他概要文件都是以这些基本概要文件为基础构建的。之后 WS-I 又发布了第三个基本概要（BP 1.2）和第四个基本概要（BP 2.0），这两个基本概要都兼容 BP 1.1。BP 1.2 在 BP 1.1 的基础上添加了一些新的约束，而 BP 2.0 的最大不同之处就是它支持的 SOAP 版本是 SOAP 1.2。

BP 1.1 对消息绑定样式进行了限制：禁止使用 Encoded 编码，只能使用 XML Schema 1.0 编码，名称空间为"http://www.w3.org/2001/XMLSchema"；只支持 rpc-literal 和 document-literal（当然 document-literal-wrapped 也是 document-literal 样式）两种绑定样式；RPC 绑定必须使用 wsdl：part 中的 type 属性，而 Document 绑定必须同 element 属性一起使用；属性 element 引用 XML 模

式元素，而属性 type 则指示 XSD 中的 simpleType 和 complexType。

简而言之，Document 样式的消息基于 XML Schema 元素定义，而 RPC 样式的消息则使用 XML Schema 类型定义。而且，只有全局级别的元素和类型能够在 WSDL 定义中定义，这些元素和类型是 XSD 中的 < schema > 的直接子项。所有非直接子项组件都是本地的，通常嵌套在另一个模式组件中，此处的组件将引用模式元素、complexType 或 simpleType。

4.4　WSDL 在 Web 服务开发中的作用

客户端服务调用代码要完成的任务，也就是使用实现所提供的接口，来声明调用方所需要的方法名及参数，然后由实现根据用户的输入来组合 HTTP 请求。

这个过程可以这样来描述，首先获取用户输入，然后把输入变成实现所要求的存储格式，然后再把该格式变成 HTTP 请求。一般情况下，需要手工完成到第二步，但是，这个过程显然是可以把它自动化的，自动化的效果就是用户不再需要书写这部分的代码，减少工作量和降低出错几率。

自动化的过程就需要 WSDL 的参与，其提供了服务方 Web 服务的具体描述，调用方根据这个描述，就可以知道服务能够提供的方法、所需要的参数个数，然后向用户索取。这就是自底向上的 Web 服务开发模式（见第 5 章），得到输入以后，实现可以根据 WSDL 的要求来把输入转换成特定的存储格式，或者直接生成最后的 HTTP 请求。

如图 4-5 所示，已有的 Web 服务可以生成 WSDL 说明文档，而依据存在的 WSDL 文件，通过软件工具可以产生对应说明文档的 Web 服务以及 Web 服务的调用程序。可以说，有了 WSDL 文件，连 Web 服务程序和此 Web 服务的客户端调用程序都能自动产生。

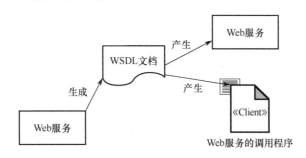

图 4-5　WSDL 在 Web 服务开发中的作用

比如，访问已有的 Web 服务地址，只要地址后面加上"? WSDL"，网页上就会自动创建生成该 Web 服务对应的 WSDL 文件。

　　对于每个服务，WSDL 需要描述两部分的内容：一是接口；二是实现。接口描述了服务的格式，例如服务名、服务参数、服务结果。服务实现则描述了用户所对应提供的输入如何转换成符合某一实现协议的形式，一般情况下，使用 SOAP 作为实现协议，那么客户端在分析了 WSDL 文件以后，将会把用户的输入转换成已经看到过的 SOAP 请求，之后的过程就与之前的完全一样了。

练习题

一、思考题

1. 什么是 WSDL？WSDL 在 SOA 中的作用如何？

2. 简要描述 WSDL 的基本元素及其作用。

3. WSDL SOAP 的绑定方式有哪些？陈述每种绑定方式的特点。

4. 如何理解企业业务应用之间互操作性的重要性？

5. 如何从软件开发者的角度理解 WSDL 在 Web 服务开发中的作用？

二、单项选择题

1. WSDL 是一个基于_____的文档，它描述了 Web 服务各个方面的元素。

A. XML　　　　　B. XSD　　　　　C. SOAP　　　　　D. HTTP

2. 下列元素中不属于 WSDL 文档的服务接口定义部分的是_____。

A. types　　　　B. message　　　　C. binding　　　　D. portType

3. 关于各个元素在 WSDL 文档中出现的先后顺序，下面正确的是_____。

A. binding、message、portType、service、type

B. message、binding、type、portType、service

C. service、type、portType、binding、message

D. type、message、portType、binding、service

三、应用题

假设有一个名为 ZipSearch 的 Web 服务，其中有一个名为 GetZipCode 的方法，该方法的声明如下：

```
public int GetZipCode (string city)
```

该 Web 服务的位置为 http://www.mywebservices.com/ZipSearch.asmx。

为了使用这个 Web 服务，要求编写针对此服务的 WSDL 文档。

第 5 章

SOAP Web 服务与 RESTful Web 服务

本章学习目标:

通过本章的学习, 明确目前 Web 服务应用主要分为两大类, 即 SOAP Web 服务和 RESTful Web 服务, 掌握这两种 Web 服务的工作原理, 理解各自的优、缺点和适用场景, 以及在面向服务软件开发中的作用。

本章要点:

- SOAP Web 服务的工作原理;
- SOAP Web 服务的开发模式;
- SOAP 服务器的功能;
- REST 架构的工作原理;
- RESTful Web 服务的特点;
- SOAP Web 服务与 RESTful Web 服务的比较;
- RESTful Web 服务的开发方式。

在 SOA 的基础技术实现方式中, Web 服务占据了很重要的地位, 通常提到 Web 服务就是采用 SOAP 消息在各种传输协议上进行计算机之间的交互。SOAP 偏向于面向活动, 有严格的规范和标准, 包括安全、事务等各个方面的内容, 同时 SOAP 强调操作方法和操作对象的分离, 有 WSDL 文件规范和 XSD 文件分别对其定义。SOAP Web 服务的使用和解析比较复杂, 又称为重载 Web 服务。

REST 是一种架构风格, 其核心是面向资源, REST 专门针对网络应用设计和开发方式, 以降低开发的复杂性, 提高系统的可伸缩性。REST 简化开发, 其架构遵循 CRUD 原则, 该原则对于资源 (包括网络资源) 只需要 4 种行为: 创建、获取、更新和删除就可以完成相关的操作和处理。采用 REST 风格的 Web 服务即 RESTful Web 服务。

5.1 SOAP Web 服务

服务的概念源于社会和经济领域, 是指为了创造和实现价值, 由顾客与提供者之间进行的交互协同过程和行为。服务的结果往往是人们得到了价值体验。生活中典型的服务体验有快递、旅游、教育等。

在信息和通信技术领域，服务更多地被当作一种自治、开放、自描述、与实现无关的网络化构件。

本书认为：一个构件向外界暴露接口以供访问，这个构件就称为一个服务。

5.1.1 SOAP Web 服务的工作原理

Web 服务，顾名思义就是采用 Web 方式进行分布式程序调用，Web 方式的本质即通过超文本传输协议——HTTP 协议进行打包传输。根据 HTTP 协议包里面的内容，Web 服务主要有两种，一种是基于 SOAP 类型的服务，一种是基于 REST 类型的服务，其中 SOAP 类型的服务有两种版本，一种是 SOAP1.1版本，一种是 SOAP1.2 版本，SOAP 服务类型的数据是 XML 数据格式的。

Web 服务的起源来自于程序员对于 Web 页面之间进行程序调用的需要，Web 服务的一个重要理念就是获取跨平台的互操作性，Web 服务相互间的调用应该是平台无关的。平台无关体现在 SOAP 是基于 XML 的消息协议和 HTTP是互联网时代标准的传输协议基础上。

图 5-1 所示为 Web 服务示意图，其中访客通过互联网访问的网站、企业 OA 和个人博客中的天气预报功能都调用了来自同一个天气预报服务提供商的 Web 服务。此处提到 Web 服务的客户端，在通常的 IT 架构中，一般会运行在企业环境中，不是指通常理解的终端用户，而是某一段获取服务的程序。因此，可以说 Web 服务是通过程序访问的。Web 服务的使用者永远是另一个应用程序。

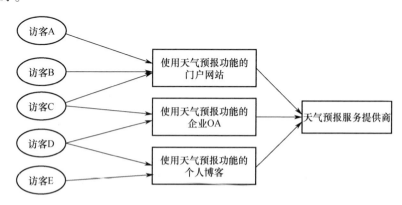

图 5-1　Web 服务示意图

简单对象访问协议（Simple Object Access Protocol，SOAP）是一种轻量的、

简单的、基于 XML 的协议，它被设计成在 Web 上交换结构化的和固化的信息。SOAP 就是基于 XML 的消息协议，通过 SOAP 把计算设备之间调用的信息通过 XML 格式的形式传递出去，接收方解析后即可按照要求执行、调用，并将结果通过 SOAP 消息格式返回给请求方，由此完成分布式过程调用。

Web 服务的协议三要素（SOAP，WSDL，UDDI）之一的 SOAP 用来传递信息的格式，SOAP 可以和现存的许多因特网协议和格式结合使用，包括超文本传输协议（HTTP）、简单邮件传输协议（SMTP）、多用途网际邮件扩充协议（MIME）。它还支持从消息系统到远程过程调用（RPC）等大量的应用程序。

SOAP 原理如下：

（1）SOAP 其实是一个建立于 HTTP 上的上层协议，SOAP 包可以放入 HTTP 包里面；

（2）使用 SOAP 的目的是定义如何调用远程终端中的服务（方法）；

（3）SOAP 中用多个 NameSpace 标准来区别各个远程服务；

（4）SOAP 中不仅可以封装简单的数据类型，还可以封装更加复杂的数据类型，如 Struct（C 或 C + +）、Record（Pascal）等。

SOAP 包的标准格式如下：

（1）HTTP 报头（例如：POST /PWSDM01. EXE/SOAP HTTP / 1.1）；

（2）SOAP Action 标签（指明了封包 SOAP 欲进行的工作。如：SOAP Action："urn：First WS Intf-IFirst WS"）；

（3）CR/LF 标签（指明封包中 XML 的版本及编码所使用方法。如：< ? xml version = " 1.0" encoding = 'UTF-8' ? >）；

（4）SOAP-Env：这里可以保存多个报头元素，即多个命名空间，用 < SOAP-ENV：Body > 开始，</SOAP-ENV：Body > 结束。

SOAP 消息格式（图5-2）如下，目前主要在 Web 服务中运用。

```
< SOAP-ENV: Envelope  Attributes >
    < SOAP: HEADER > …… </SOAP: HEADER >
    < SOAP: Body > …… </SOAP: Body >
</SOAP-ENV: Envelope >
```

SOAP 消息的 4 个部分如下。

1）封装

它定义了一个框架。该框架描述了消息中的内容是什么，谁应当处理它，以及它是可选的还是必需的。

2）编码规则

它定义了一种序列化的机制，用于交换应用程序所定义的数据类型的实例。

图 5-2　SOAP 包的消息格式

3）RPC 表示

它定义了用于表示远程过程调用和应答的协定。

4）绑定

定义了一种使用底层传输协议来完成在节点间交换 SOAP 封装的约定。

HTTP 作为 SOAP Web 服务的传输承载协议（见第 2 章的图 2-3），SOAP Web 服务和 HTTP 的关系如图 5-3 右边所示，因为一般服务器 HTTP 端口处于开放状态，SOAP Web 服务包传输采用 HTTP 协议，可以轻松穿越防火墙。

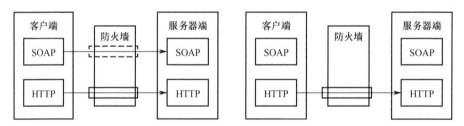

图 5-3　传统的网络通信与基于 HTTP 的 SOAP 协议通信

由此得到 SOAP Web 服务的优点如下：

（1）Web 服务是一种优秀的分布式计算技术；

（2）可以轻松地跨过防火墙；

（3）使用的 SOAP 协议非常简单；

（4）集中信息。

根据前面章节的介绍，SOAP Web 服务的简易工作流程为：客户端→阅读 WSDL 文档（说明书）→调用 Web 服务 。

上面的流程是一个大致的描述，客户端阅读 WSDL 文档发送请求，然后调用 Web 服务器，最后返回给客户端，这和普通的 HTTP 请求一样，请求→处理→响应，与普通的请求不一样的就是 Web 服务请求中有一个 WSDL 文档和 SOAP 协议。

一个比较完整的 SOAP Web 服务调用和响应的流程（图 5-4）如下：

客户端→阅读 WSDL 文档（根据文档生成 SOAP 请求）→发送到 Web 服务器→交给 Web 服务器请求处理→转发到 SOAP 服务器（如 Axis2）处理 SOAP 请求→调用 Web 服务→生成 SOAP 应答→Web 服务器通过 HTTP 的方式交给客户端。

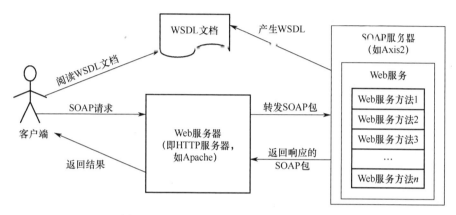

图 5-4　SOAP Web 服务调用和响应的过程

5.1.2　SOAP 服务器

由图 5-4 所知，提供 SOAP Web 服务的平台，都通常会设置一个 SOAP 服务器（引擎），在 Web 服务的两端可提供 SOAP 消息的封装及其解包功能。SOAP 4J 是最先出现的 Java SOAP 引擎之一。以此为基础，开源的 Apache 的第一代 SOAP 引擎出现了，即 SOAP2. x。随后，Apache 又重新设计了 AXIS 引擎，发展到现在的 Axis2，Axis 已经成为流行最广的 SOAP 服务引擎之一。

IBM 的 SOAP 服务引擎的发展历程也大致遵循了同样的规律，即在保持了与主流兼容的同时，又着重在面向企业的 Web 服务上做了很大努力。

如图 5-5 所示为 IBM SOAP 服务引擎与 Apache SOAP 引擎的渊源及同步发展的历程。

图 5-5　IBM SOAP 服务引擎与 Apache SOAP 引擎

Web 服务的实现架构实际上就是围绕约定的消息格式，提供特定信息

（如 SOAP）的传递与解析的协议栈。典型的 Web 服务的应用场景是从另一个现有应用程序发出请求，获得服务器所提供的业务应用程序的服务。因此，通常可以把这个过程的必要参与者划分为服务的请求方（客户端）与服务的提供方（服务端）。

1. Web 服务的客户端

Web 服务的客户端，即客户端程序，代表客户端调用 Web 服务的编程模式。Web 服务的客户端按照功能可以划分为下面几部分。

1）服务代理接口

服务代理（Service Proxy）接口是一段代码，客户端程序通过调用这段代码访问某个 Web 服务。服务代理接口代码是对用户可见的程序接口。Web 服务的客户端的调用方式是由 Web 服务的接口决定的，与服务的具体提供方式无关。

2）参数类型注册接口

Web 服务所传送的消息实际上是由基于 XML 的扩展协议所约束的。例如，SOAP 消息是 XML 上的扩展协议。Web 服务的调用，除了需要描述服务提供的方法名称，还需要考虑到方法的消息类型，即参数类型以及返回类型。

尽管 Web 服务平台无关，但是提到类型映射的时候，不得不承认它还是平台相关的，只不过这样的相关性隐藏在类型注册接口中（图5-6）。

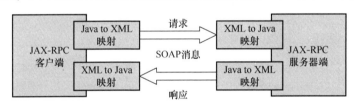

图 5-6　Web 服务两端的数据类型映射

3）消息传送接口

Web 服务的请求消息与服务的结果内容是怎样在客户端与服务器端流动的呢？这依赖于 Web 服务发生的上下文环境。

例如，大多数情况下，Web 服务发生在 Web 环境中，即 HTTP/Internet 环境中，那么，Web 服务的客户/服务器两端的信息流就是基于 HTTP 来传输的。

2. Web 服务的服务器端

Web 服务的服务器端代表了调用 Web 服务的逻辑实践，Web 服务的服务器端也可划分为 3 个层次，与 Web 服务的客户端对应，与客户端完成类似的功能。

1）参数类型注册接口

在调用 Web 服务的时候，将数据从 Web 服务消息（SOAP）映射到 Web

服务实现代码的数据类型；在完成逻辑调用、返回结果的时候，将消息内容从业务程序的数据类型翻译成 SOAP 格式。

2）消息传送接口

消息传送接口与具体的 Web 服务传输平台相关，负责将具体的 Web 服务消息利用通信层进行打包封装、传递及接受。

3）注册服务管理

在客户端的对应位置上，这里是服务代理接口，因为客户程序需要通过它访问远端的 Web 服务；而在服务器端，需要的是将服务请求转发给恰当的服务实现体。

Web 服务的服务器端，需要考虑如何把一般的程序包装成 Web 服务。而 Web 服务的实现仍然是传统的方式，与通常的程序没有区别，目前并不存在一种专门针对 Web 服务的程序语言。对于 Web 服务的开发者而言，Web 服务通常的开发模式更像是部署（Deploy）或包装（Wrap）的过程。

完整的 Web 服务开发包括 3 个阶段：开发、部署、发布。

1）开发阶段此阶段包括逻辑模块的开发与部署，WSDL 服务定义文件的设计与生成。

在 Web 服务的开发阶段，有两种可以实施的方案：

可以先设计 WSDL，即服务的接口定义，然后生成服务逻辑代码，即自上而下的方式；

还可以先完成业务逻辑代码的开发或者使用已经存在的逻辑代码，再根据代码暴露出服务的接口 WSDL（自底向上）包装 Web 服务。

图 5-7（a）所示为自顶向下的 Web 服务开发模式。通常用于基于标准 WSDL 的开发，即先获得预定义的 WSDL，然后按照其中的 Web 服务定义开发服务的业务逻辑实现。

图 5-7（b）所示为自底向上的 Web 服务开发模式，这种方式在目前更为常见，大多数 SOA 应用都是基于当前的应用创建服务。因此，总是先有应用，再有服务。

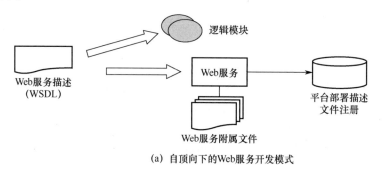

(a) 自顶向下的Web服务开发模式

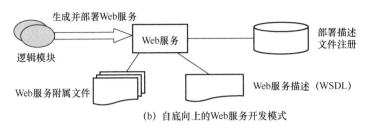

（b）自底向上的Web服务开发模式

图 5-7　SOAP Web 服务开发模式

2）部署阶段

指定 Web 服务的传输协议（绑定），明确服务的终端地址，创建 Web 的附属文件，以平台可识别的方式将 Web 服务注册到相应服务描述部署文件。

3）发布阶段

将 Web 服务的接口和调用地址公开供客户端调用，常用的发布方式为基于 Web 提供 WSDL 的链接，当然，UDDI 注册中心也是一个选择。

Web 服务的开发模式也是一个不断发展的过程，从最初以 Apache SOAP 引擎为代表的方式，到目前常见的 JAX-RPC 方式。而自从 J2EE 平台正式开始提供 Web 服务的支持，Web 服务的编程模式逐渐趋于稳定。

1. SOAP 服务器（引擎）的 Web 服务的运行时环境

SOAP 引擎架构如图 5-8 所示。

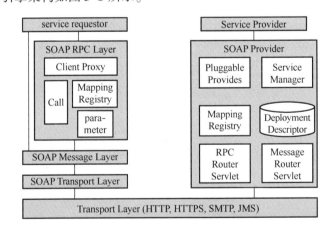

图 5-8　SOAP 服务器的实现方式

（1）Web 服务的客户端需要设定调用方法的参数，然后通过代理调用服务。

（2）RPCrouter 是服务器端用于侦听的端口，服务的客户与服务器两端都需要类型映射注册表来建立 Java 类与 SOAP 数据类型的映射关系。

2. IBM 的 SOAP 引擎 Axis

Axis 的全名是 Apache 扩展交互系统（Apache eXtensible Interaction System）。Axis 其实就是一个消息处理的句柄链机制的运行环境。

Axis 的工作原理并不复杂，配置好一系列控制句柄，Axis 运行处理框架会依次地调用句柄来处理消息。消息和消息相关的环境属性被包裹在一个上下文中，在一个控制句柄链表中传递，每传到链上一个句柄节点，由句柄执行相应的动作，将处理结果体现到消息上下文上，并把它传递给下一个句柄。

作为服务器端的处理框架的工作过程有以下几个方面。

1）传输侦听端口创建消息上下文

传输侦听端口由具体的底层传输协议决定。

传输侦听端口会把传输层的消息打包封装在消息对象中，并为消息对象创建消息上下文，为消息上下文设置各种属性，然后传输侦听端口将配置好的消息上下文对象交给 Axis 引擎，由 Axis 引擎负责消息上下文在会话生命周期的维护。

2）生成的服务器端消息在 Axis 引擎的传递路径上传递

Axis 引擎的链结构按照句柄动作的分类划分为逻辑上的 3 个层次：传输层、全局层和服务层。

Axis 处理架构的核心就是控制句柄链，链条上的处理节点可以随时方便地增减。

Axis 迅速占据了 Web 服务平台的主导地位。

由于是开放源代码，加上架构上先天的可扩展性，被很多商业 Web 服务平台提供商选作其 Web 服务系统的架构。Axis 本身支持 JAX-RPC API，可以将 Java Bean 包装成 JAX-RPC 兼容的 Web 服务，但其本身并不支持更多的 J2EE 特征，例如，将 EJB 包装成 Web 服务。

关于 SOA，有这样一个观点，SOA 并不以是否使用 Web 服务作为行为准则，所谓的"服务"应该根据企业的具体应用场景而有不同的体现形式。

尽管在整个行业中 SOAP + WSDL 迅速崛起，但仍然在很多方面存在问题，会妨碍 SOAP Web 服务达到很多人所期望的完全成功。

第一个方面就是互操作性。尽管 SOAP 最诱人的一个重要方面就是它承诺的互操作性，但实际进展却并不明显。SOAP Web 服务的另一个问题是基础结构扩展和基本 SOAP 处理之间混淆不清。优势有限以及潜在的复杂性让很多开发人员转而采用比 SOAP 更简单的替代方法的。

同时，SOAP Web 服务请求和响应都封装成 SOAP 包，SOAP 服务器和客户端需要频繁地 SOAP 拆包和封包工序，执行起来工序复杂，有没有更简便、省时省力的方法来实现 Web 服务功能？这就是 5.2 节要介绍的 RESTful Web 服务。

5.2　RESTful Web 服务

并不基于 SOAP 的服务调用协议的 REST，比 Web 服务更容易被广大 Web 页面开发者接受。与 Web 服务相比，REST 更容易直接嵌入到 Web 页面中。一般的网页开发人员不需要 Web 服务开发的相关知识，就可以直接获得服务。当然，REST 更适合于从 Web 页面直接调用服务的场合。

SOAP 的大部分阻力都来自于 REST。严格来说，REST 是可应用到 Web 服务的 HTTP 协议的基本规则的规范化技术。REST 被限制为使用 HTTP 作为传输层，而 SOAP 从理论上来说是独立于传输层的。

REST 并不包含任何直接添加基础结构扩展的方法，但在 SOAP 真正开始提供此类扩展前，此限制都可以被视为无足轻重的方面。

5.2.1　REST

REST（Representational State Transfer），即表象化状态转变或者表述性状态转移。REST 是 Web 服务的一种架构风格，REST 是一种新型的分布式软件设计架构，使用 HTTP、URI 等广泛流行的标准和协议。

REST 将互联网上的实体称为资源，每个资源都分配一个唯一的 URI，同一个资源可有特定的表述性（Representational），如 HTML、XML、JSON 等。通过对资源进行统一的访问，如 CRUD 操作，同时根据资源里面包含的其他关联资源的 URI，实现资源之间表述性的变化，服务请求者的状态通过跟踪超链接也发生了有序转移，就完成对互联网上资源的使用，获得服务价值。

这里特别提到对资源使用统一的、简单的操作，因为面向服务思想强调统一契约，即每个服务中的方法最好是一致的。由于方法需要跨多个服务进行重用，所以它们应该往往是高度通用的（或统一的）。HTTP 就带来了一组通用的方法，如 GET、PUT、POST、DELETE、HEAD 和 OPTIONS 等（图 5-9）。

REST 中的资源所指的不是数据，而是数据和表现形式的组合，比如"最新访问的 10 位会员"和"最活跃的 10 位会员"在数据上可能有重叠或者完全相同，而由于它们的表现形式不同，所以被归为不同的资源，这也就是为什么 REST 的全名是 Representational State Transfer 的原因。资源标识符就是 URI（Uniform Resource Identifier），不管是图片、Word 还是视频文件，甚至只是一种虚拟的服务，也不管是 XML 格式、txt 文件格式还是其他文件格式，全部通过 URI 对资源进行唯一的标识。

REST 来自 Roy Fielding 的博士论文 *Architectural Styles and the Design of Network-based Software Architectures*（《架构风格与基于网络的软件架构设计》）。

Roy Fielding 是 Day Software 公司的首席科学家、Apache 软件基金会的合作创始人，在美国加洲大学欧文分校获得博士学位，是 HTTP、URI 等 Web 标准的主要设计者。

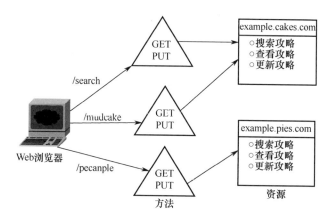

图 5-9 浏览器通过 HTTP 统一方法访问资源

REST 是一种设计风格。它不是一种标准，也不是一种软件，而是一种思想。

REST 通常基于使用 HTTP、URI、XML，以及 HTML 这些现有的广泛流行的协议和标准。

REST 定义了应该如何正确使用 Web 标准，例如 HTTP 和 URI。如果在设计应用程序时能坚持 REST 原则，那就预示着会得到一个使用了优质 Web 架构的系统。

在目前主流的 3 种 Web 服务交互方案中，REST 相比于 SOAP Web 服务以及基于 XML 的远程调用 XML-RPC 更加简单明了，无论是对 URI 的处理还是对负载的编码，REST 都倾向于用更加简单轻量的方法设计和实现。值得注意的是，REST 并没有一个明确的标准，而更像是一种设计的风格。

REST 架构的主要原则如下：

（1）网络上的所有事物都可被抽象为资源（Resource）；

（2）每个资源都有一个唯一的资源标识符（Resource Identifier）；

（3）同一资源具有多种表现形式（XML、JSON 等）；

（4）使用标准方法；

（5）对资源的各种操作不会改变资源标识符；

（6）所有的操作都是无状态的（Stateless）。

无状态性使得客户端和服务器端不必保存对方的详细信息，服务器只需要处理当前请求，而不必了解前面请求的历史，提高系统的可伸缩性。

以上主要原则的运用，使得 REST 架构成为互联网时代的最佳实践之一，高效、简洁、轻量。

5.2.2 RESTful Web 服务

REST 指的是一组架构约束条件和原则，满足这些约束条件和原则的应用程序或设计就是 RESTful。RESTful Web 服务就是采用符合 REST 架构原则提供远程方法调用功能的 Web 服务。

SOAP Web 服务是使用 RPC 样式架构构建的基于 SOAP 的 Web 服务，成为实现 SOA 最常用的方法。RPC 样式的 Web 服务客户端将一个装满数据的信封（如 SOAP 包，包括方法和参数信息）通过 HTTP 发送到服务器。服务器打开信封，并使用传入参数执行指定的方法。方法执行的结果也打包到一个信封，并作为响应发回客户端。客户端收到响应并打开信封。每个对象都有自己独特的方法以及仅公开一个 URI 的 RPC 样式 Web 服务，URI 表示单个端点。它忽略 HTTP 的大部分特性且仅支持 POST 方法。

服务调用时能不能不频繁地打包和解包？能不能直接利用 HTTP 中的通用的方法，如 GET、PUT、POST、DELETE 等直接对资源进行访问？

答案是可以采用 RESTful Web 服务。由于轻量级以及通过 HTTP 直接传输数据的特性，Web 服务的 RESTful 方法已经成为最常见的替代方法。可以使用各种语言（比如 Java 程序、Perl、Ruby、Python、PHP 和 Javascript（包括 Ajax））实现客户端。RESTful Web 服务通常可以通过自动客户端或代表用户的应用程序访问。但是，这种服务的简便性让用户能够与之直接交互，使用它们的 Web 浏览器构建一个 GET URL 并读取返回的内容。

在 REST 样式的 Web 服务中，每个资源都有一个地址。资源本身都是方法调用的目标，方法列表对所有资源都是一样的。这些方法都是标准方法，包括 HTTP GET、POST、PUT、DELETE，还可能包括 HEAD 和 OPTIONS，有效减少 Web 服务中方法千差万别造成的服务异构性难题。

在 RPC 样式的架构中，关注点在于方法，而在 REST 样式的架构中，关注点在于资源——将使用标准方法检索并操作信息片段（使用表示的形式）。资源表示形式在表示形式中使用超链接互联。表 5-1 具体比较了 SOAP Web 服务与 RESTful Web 服务。

表 5-1　SOAP Web 服务与 RESTful Web 服务的区别

分类 功能	SOAP Web 服务	RESTful Web 服务
关注点	方法（操作）	资源
使用的方法	千差万别、异构	GET \ PUT \ POST \ DELETE

（续）

分类 功能	SOAP Web 服务	RESTful Web 服务
消息是否打包	是。SOAP 包	否
访问效率	低。需要频繁封包、解包	高
服务说明语言	WSDL	WADL
总体评价	重载	轻载

因为 REST 模式的 Web 服务与复杂的 SOAP Web 服务对比来讲明显更加简洁，越来越多的 Web 服务开始采用 REST 风格设计和实现。例如，亚马逊（Amazon. com）提供 REST 风格的 Web 服务与传统的 SOAP Wcb 服务的比率为85：15，其中 S3 都是 REST；淘宝网的 Web 服务全部是 REST 风格，雅虎提供的 Web 服务也是 REST 风格的。

5.2.3　RESTful Web 服务开发

REST 的真正价值在于 Web 服务，而不是通过浏览器操作的应用，是提供给另一个应用程序调用的。下面以 Java API for RESTful Web Services（简称JAX-RS）为例讲解 RESTful Web 服务的开发。JAX-RS 基于 REST 设计风格的Web 服务提供的 API。它是一个 Java 编程语言的应用程序接口，支持按照表述性状 REST 架构风格创建 Web 服务。旨在定义一个统一的规范，使得 Java 程序员可以使用一套固定的接口来开发 REST 应用。特征如下：

（1）使用 POJO 编程模型；

（2）基于注解（Annotation）的配置；

（3）集成了 JAXB（Java Architecture for XML Binding），可以根据 XMLSchema 产生 Java 类的技术。

注解（Annotation）是 JDK 1.5 的新特性，是一种能够添加到 Java 源代码的语法元数据。类、方法、变量、参数、包都可以被注解，可用来将信息元数据与程序元素进行关联。注解由一个@符号后面跟一个字符串构成，注解是写给编译器的，用于告诉编译器一些信息由编译器执行。

JAX-RS 有以下实现平台，可以在以平台上进行服务器端的 RESTful Web服务开发。

（1）Apache CXF，开源的 Web 服务框架；

（2）Jersey，由 Sun 提供的 JAX-RS 的参考实现；

（3）RESTEasy，JBoss 的实现；

（4）Restlet，由 Jerome Louvel 和 Dave Pawson 开发，是最早的 REST 框架，

先于 JAX-RS 出现。

RESTful Web 服务开发中，JAX-RS 提供了对资源类的注解：

（1）@Path，标注资源类或方法的相对路径；

（2）@GET，@PUT，@POST，@DELETE，标注方法是用的 HTTP 请求的类型；

（3）@Produces，标注返回的 MIME 媒体类型；

（4）@Consumes，标注可接受请求的 MIME 媒体类型；

（5）@PathParam，@QueryParam，@HeaderParam，@CookieParam，@MatrixParam，@FormParam，分别标注方法的参数来自于 HTTP 请求的不同位置，例如@PathParam 来自于 URL 的路径，@QueryParam 来自于 URL 的查询参数，@HeaderParam 来自于 HTTP 请求的头信息，@CookieParam 来自于 HTTP 请求的 Cookie。

RESTful Web 服务开发的代码片段示例如下：

```
@ GET      /* GET 方法执行以下操作* /
   @ Produces({MediaType. APPLICATION_JSON})   /* 指定当前类返回数
据格式为 JSON* /
   @ Path("/book/{id}")      /* 资源的路径* /
                  /* getBook 方法返回指定的书籍信息 * /
   public Book getBook(@ PathParam("id") String id){
           return new Book("huhu","huhu");
   }
@ PUT      /* PUT 方法执行以下操作* /
   @ Path("/book/{name}")      /* 资源的路径* /
              /* updateBook 方法更新指定的书籍信息 * /
   public void updateBook(@ PathParam("name") PathSegment
   book){
       Iterator < Book > it = books. iterator();
       String name = String. valueOf(book. getMatrixParameters().
       get("name"));
       String content = String. valueOf(book. getMatrixParameters
       (). get("content"));
       while(it. hasNext()){
           Book booktmp = it. next();
           if(name. equals(booktmp. getName())){
               booktmp. setContent(content);
               break;
           }
```

```
      }
    }
```

同时在服务器端配置好 web.xml 或 jax-rs xml 文件，建立好 URL 和配置文件及参数的对应关系，就可以在浏览器中看到创建的 RESTful Web 服务（图 5-10）。RESTful Web 服务的服务说明格式为 WADL 格式，只要在 Web 服务地址后面加上后缀名？_wadl 就可以看到这个 RESTful Web 服务的说明文档了（图 5-11）。

Available SOAP services:

Available RESTful services:

Endpoint address: http://localhost:8080/webservice/rs
WADL : http://localhost:8080/webservice/rs?_wadl

图 5-10   浏览器显示出创建的 RESTful Web 服务

```
← → C | ① 127.0.0.1:8088/cxfWebPrj/webservice/userCxf?_wadl

This XML file does not appear to have any style information associated with it. The document tree is shown below.

▼<application xmlns="http://wadl.dev.java.net/2009/02" xmlns:xs="http://www.w3.org/2001/XMLSchema">
   <grammars/>
 ▼<resources base="http://localhost:8088/cxfWebPrj/webservice/userCxf">
  ▼<resource path="/UserInfo">
   ▼<resource path="/actionlogin">
    ▼<method name="POST">
     ▼<request>
      ▼<representation mediaType="application/x-www-form-urlencoded">
         <param name="type" style="query" type="xs:string"/>
         <param name="oper" style="query" type="xs:string"/>
         <param name="source" style="query" type="xs:string"/>
         <param name="version" style="query" type="xs:string"/>
         <param name="url" style="query" type="xs:string"/>
         <param name="secret" style="query" type="xs:string"/>
         <param name="sign" style="query" type="xs:string"/>
         <param name="para" style="query" type="xs:string"/>
         <param name="device" style="query" type="xs:string"/>
       </representation>
      </request>
     ▼<response>
      ▼<representation mediaType="application/json">
         <param name="result" style="plain" type="xs:string"/>
```

图 5-11   一个 RESTful Web 服务的服务说明文档 WADL

练习题

一、思考题

1. 根据 HTTP 协议包里面的内容，Web 服务主要分为几种？
2. 简述 SOAP Web 服务的工作原理，并说明 SOAP Web 服务的优缺点。

3. 什么是 SOAP 服务器？常用的 SOAP 服务器有哪些？

4. 自顶向下和自底向上的 SOAP Web 服务开发模式各有什么特点？其中 WSDL 文档分别起到什么作用？

5. 什么是 REST 架构？为什么 REST 架构成为互联网时代的最佳实践之一？

6. RESTful Web 服务工作原理如何？简要陈述 RESTful Web 服务与 SOAP Web 服务的异同点和各自的适用场景。

7. 支持 RESTful Web 服务开发的平台或工具包主要有哪些？

二、单项选择题

1. ASP. NET Web 服务存在于扩展名为_____的文件中。

A. asmx   R aspx   C. exe   D. dll

2. 在一个 . NET 的 Web 服务类中，下面_____方法能够被正确调用。

A.

```
[WebMethod]
 public string Hello()
 {
        Return "Hello";
 }
```

B.

```
[WebMethod]
 public static string Hello()
 {
        Return "Hello";
 }
```

C.

```
 public static string Hello()
 {
        Return "Hello";
 }
```

D.

```
 public string Hello()
 {
        Return "Hello";
 }
```

3. 下面不属于服务引用与 Web 引用的区别是_____。

A. 服务引用与 Web 引用都使用了 wsdl 命令。

B. 在 Web 应用程序中可以同时引用服务和 Web。

C. 窗体应用程序只有添加服务引用。

D. 服务引用生成的代理只能被 . NET 3. 0 以上的客户端调用。

三、应用题

分别利用 SOAP Web 服务方式和 RESTful Web 服务，开发一个根据 IP 地址提供天气预报的 Web 服务。

第 6 章

业务流程与 Web 服务组合

本章学习目标：

通过本章的学习，了解面向服务的软件开发中业务流程管理的重要作用，理解 Web 服务组合的目标是组合单一服务到一个新的复合服务，复合服务在控制逻辑，即业务流程指导下执行。掌握业务流程执行语言（BPEL），会使用 BPEL 进行基于业务流程的服务组合，理解 Web 服务组合的实现框架。

本章要点：

- 业务流程的概念；
- 业务流程与工作流；
- 业务流程管理；
- 业务流程建模；
- 业务流程执行语言；
- 业务流程执行引擎；
- Web 服务组合；
- 服务组合方法。

在本章中，首先从 Web 服务组合的控制逻辑——流程开始，简要讨论了业务流程，涉及业务流程管理、业务流程建模，重点介绍了 BPEL 语法和使用模式，包括一些比较复杂的特性，比如补偿和错误处理等，还简要介绍了几种目前主流的 WS-BPEL 执行引擎。其次从服务组合的基本原理和组合方法方面，系统介绍了 Web 服务组合。

6.1 什么是业务流程？

在面向服务体系架构（Service-Oriented Architecture，SOA）中，流程是一个很重要的概念。流程（Process）是产生某一结果的一系列作业，是多个人员、多个作业按照一定的规则的有序组合，它关心的是谁做了什么事，产生了什么结果，传递了什么信息给谁。流程代表了业务人员对信息系统的描述。流程一定是体现企业价值的，价值即业务目标，没有价值的流程是没有意义的，因此每个流程都有其特定的绩效目标。

6.1.1 业务流程

在信息系统中，流程由若干作业（Operation）按照一定的规则组合而成，可以用业务流程图来描述，其目标通过绩效指标体现。作业是为了实现一个可定义的目标而进行的一系列活动，是业务流程的基本单元。在信息系统中，作业的前端表现为若干界面，后端由若干个服务按照一定的规则组合成一个个功能单元。

在本节中，流程是指企业运作的所有工作流程，企业所有的活动都可以看作是一个个流程，流程是由若干个作业组成的，在 IT 技术上流程称为工作流，作业称为流程节点。

业务流程（Business Process）是为达到特定的价值目标而由不同的人分别共同完成的一系列活动。活动之间不仅有严格的先后顺序限定，而且活动的内容、方式、责任等也都必须有明确的安排和界定，以使不同活动在不同岗位角色之间进行转手交接成为可能。活动与活动之间在时间和空间上的转移可以有较大的跨度。而狭义的业务流程，则认为它仅仅是与客户价值的满足相联系的一系列活动。

良好的业务流程设计是保证企业灵活运行的关键。清晰地定义业务流程之间的接口，可以降低业务之间的耦合度，使得对局部业务流程的改变不会对全局的流程产生灾难性的后果。

对整个企业的业务流程进行建模是一个相当复杂而有挑战性的工作，建模就是对企业业务运转过程的描述。一般来说，业务流程建模需要处理好以下几个方面。

1. 建立流程

主要的业务流程是由直接存在于企业的价值链条上的一系列活动及其之间的关系构成的。一般来说，包含了采购、生产、销售等活动。辅助的业务流程是由为主要业务流程提供服务的一系列活动及其之间的关系构成的。一般来说，包含了管理、后勤保障、财务等活动。

2. 层次关系

业务流程之间的层次关系反映业务建模由总体到部分、由宏观到微观的逻辑关系。这样一个层次关系也符合人类的思维习惯，有利于企业业务模型的建立。一般来说，我们可以先建立主要业务流程的总体运行过程，然后对其中的每项活动进行细化，建立相对独立的子业务流程以及为其服务的辅助业务流程。

业务流程之间的层次关系一定程度上也反映了企业部门之间的层次关系。为使得所建立的业务流程能够更顺畅的运行，业务流程的改进与企业组织结构的优化是一个相互制约、相互促进的过程。

3. 合作关系

企业不同的业务流程之间以及构成总体的业务流程的各个子流程之间往往存在着形式多样的合作关系。一个业务流程可以为其他的一个或多个并行的业务流程服务，也可能以其他的业务流程的执行为前提。可能某个业务流程是必须经过的，也可能在特定条件下是不必经过的。在组织结构上，同级的多个部门往往会构成业务流程上的合作关系。

6.1.2 业务流程管理

业务流程需要科学、全面地管理，才能提高流程运营效率，实现业务目标。

业务流程管理（Business Process Management，BPM）一般的定义为一套达成企业各种业务环节整合的全面管理模式。BPM 实现了人员、设备、桌面应用系统、企业级后台应用等内容的优化组合，从而实现跨应用、跨部门、跨合作伙伴与客户的企业运作。

业务流程领域研究的早期与工作流相关。根据工作流管理联盟 WfMC 的定义，工作流（WorkFlow）为自动运作的业务过程部分或整体，表现为参与者对文件、信息或任务按照规程采取行动，并令其在参与者之间传递。

简单地说，工作流就是一个具有各种不同功能的活动相连接的一组有相互关系的任务，它们依照一定的业务逻辑和顺序依次自动执行。它规定了业务流程中的参与者、所执行的工作以及何时执行。我们可以将整个业务过程看作一条河，其中流过的就是工作流。

业务流程和工作流的共同点都是利用流程的设计控制好企业的运行，通过企业业务有序地进行，从而提高企业的工作效率和效益。工作流主要关注完成一件工作的先后顺序，对工作中的每一步顺序都设置了标准化的要求，重点在"怎么做"上面，体现在完成一件工作要"先做什么，后做什么"。业务流程的重点在"做什么"上面，不仅仅体现出完成一件工作的先后操作标准程序，还明确指出了每个工作节点的负责人，以及他们的工作要求以及指向的企业目标关系。业务流程是为实现企业目标而设计的流程。本书对业务流程和工作流不加区别。

相对于 SOA 来说，工作流程中要进行的是服务组装。

按业务流程之间的协作方式可以分为单工作流模式和多工作流模式

（图 6-1）。

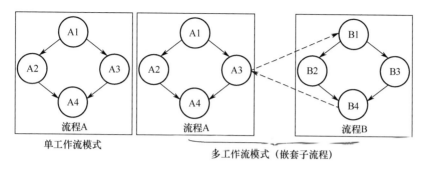

图 6-1 单工作流模式和多工作流模式

单工作流模式把一组相关的服务按一定顺序和条件组合执行，完成某项业务，流程执行过程中涉及的服务不属于其他业务流程。

多工作流模式是两个或两个以上的工作流程并行执行并进行交互的业务流程模式，多工作流模式侧重于业务流程之间的交互。

工作流管理（Workflow Management，WFM）是人与计算机共同工作的自动化协调、控制和通信，在自动化的业务过程上，通过在网络上运行软件，使所有命令的执行都处于受控状态。在工作流管理下，工作量可以被监督，分派工作到不同的用户达成平衡。工作流管理系统通过软件定义、创建工作流并管理其执行。它运行在一个或多个工作流引擎上，这些引擎解释对过程的定义，与工作流的参与者（包括人或软件）相互作用，并根据需要调用其他的 IT 工具或应用。

传统的工作流系统的最大缺陷就是它们大多采用了专有技术。这使得业务流程和企业应用的结合变得非常发杂，而与企业外部系统进行集成则更困难，无法适应全球化浪潮和互联网时代对企业灵活、无缝集成的需要。

人们开始考虑利用 Web 服务的开放性和标准化来解决业务流程与企业应用之间的互操作问题，逐渐形成现代业务流程管理系统。

6.1.3 业务流程建模

软件工程的主要工作就是对待开发的系统进行建模，业务流程也不例外。模型指对软件的一种抽象。不同的模型决定不同的软件体系结构。为应对软件开发的工程化，必须为企业计算建立十分"灵活"和"敏捷"的"完美"结构。

业务流程建模是对业务流程进行表述的方式，它是运行过程分析与重组的重要基础，这种表述方式大大优化了软件开发和运行效率。在跨组织业务流程重组的前提下，流程建模的主要目的就是提供一个有效的跨组织流程模型，并辅助相关人员进行跨流程的分析与优化。目前有大量的流程建模技术能够支持业务流程的重组，但同时这也给相关人员带来困惑：面对如此众多的技术，很难选择一种合适的技术或工具。同时，目前对流程建模技术的研究大多集中于建模技术的提出与应用，缺乏对现有技术的整理与分类以及技术之间的横向对比，这也就加深了建模技术选择的复杂性。

由 BPMI（The Business Process Management Initiative）开发了一套标准叫业务流程建模符号（Business Process Modeling Notation，BPMN）。在 BPMI Notation Working Group 超过 2 年的努力，于 2004 年 5 月对外发布了 BPMN 1.0 规范。后 BPMI 并入到 OMG 组织，OMG 于 2011 年推出 BPMN2.0 标准，对 BPMN 进行了重新定义（Business Process Model and Notation）。BPMN 的主要目标是提供一些被所有业务用户容易理解的符号，从创建流程轮廓的业务分析到这些流程的实现，直到最终用户的管理监控。BPMN 也支持提供一个内部的模型可以生成可执行的 BPEL4WS。因此，BPMN 的出现弥补了从业务流程设计到流程开发的间隙。

BPMN 定义了一个业务流程图，该业务流程图基于一个流程图，该流程图被设计用于创建业务流程操作的图形化模型。而一个业务流程模型指一个由图形对象组成的网状图，图形对象包括活动（Activities）和用于定义这些活动执行顺序的流程控制器。

业务流程图由一系列的图形化元素组成，这些元素简化了业务流程模型的开发，且业务分析者看上去非常熟悉。这些元素每个都有各自的特性，且与大多数的建模器类似。比如，活动是矩形，条件是菱形。应该强调的是：开发 BPMN 的动力就是为了在创建业务流程模型时提供一个简单的机制，同时，又能够处理来自业务流程的复杂性。要处理这两个矛盾的需求的方法就是将标记的图形化方面组织分类为特定的类别。

BPMN 有以下 4 个基本元素。

（1）流对象（Flow Objects）：包括事件、活动、网关，是 BPMN 中的核心元素。

（2）连接对象（Connecting Objects）：包括顺序流、消息流、关联。

（3）泳道（Swimlanes）：包括池和道两种类型。

（4）人工信息（Artifacts）：包括数据对象、组、注释。

图 6-2 显示了一个并行网关可以如何使用。在流程启动后，'prepare shipment' 和 'bill customer' 用户任务都会被激活，各自并行活动。并行网关被描绘为一个菱形，内部图标是一个十字，对切分和归并行为都是一样的。

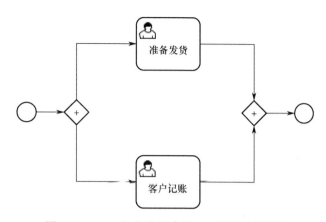

图 6-2 BPMN 业务流程建模——并行网关使用

为什么要利用 BPMN 建模？

（1）BPMN 为业务相关者提供易于理解的标准标记法（符号），其中业务相关者包括创造与梳理流程的业务分析师、负责实施流程的技术开发者，以及业务管理者和监督人。用标准符号对业务流程进行建模描述的 BPMN 扮演着促进这些人员在业务流程设计和实施之间沟通交流的角色。

（2）BPMN 是从许多已经存在的建模标记中吸收再生的，形成的一套标准的标记语言。它的出现规范了建模标记的标准，改善了因为存在不同的业务建模工具和标记而导致的交流理解的混乱情况。

（3）BPMN 通过解决在业务流程管理上存在的问题提高业务实施与管理的效率，最终达到促进企业的管理发展的目的。

用什么工具进行 BPMN 建模？

（1）Visio——提供一套完整的 BPMN 符号，内置少量 BPMN 模板参考，可以设计绘制和建模业务流程。

（2）亿图图示 BPMN 图软件——提供一套完整的 BPMN 符号，内置丰富模板与例子。除 BPMN 以外，同时支持基本流程图、数据流程图、业务流程图等的绘制。

（3）Process On 流程图设计器——支持 BPMN2.0 的 3 种标准类型建模，还可以设置与特定图形相关的业务属性。

统一建模语言（UML）已经成为事实上的工业界软件建模语言，其中的活动图（Activity Diagram）提供了一个图形化的结构来描述动作和活动、时间上的先后次序以及流程的控制，扮演着 UML 下的业务流程建模角色。

活动图是 UML 用于对系统的动态行为建模的一种常用工具，它描述活动的顺序，展现从一个活动到另一个活动的控制流。活动图在本质上是一种流程图，着重表现从一个活动到另一个活动的控制流，是内部处理驱动的流程。

活动图允许的控制结构包括如下几项。

（1）顺序（Sequence）：从一项活动及时变化到下一项活动。

（2）分支（Branch）：多条可选择控制流的选择点。

（3）合并（Merge）：两条或两条以上的控制流重新合并在一起。

（4）派生（Fork）：一条控制流分裂为两个或两个以上并发的、相互独立的控制流。

（5）连接（Join）：两个或两个以上的控制流重新合并为一条控制流。

这些控制结构的集合足够描述任意一个流程或者工作流。就其本身而言，它们也已经足够描述一个组合的 Web 服务。一个特定的流程被表示为一个活动图。图 6-3 就是一个描述购物流程的 UML 活动图。

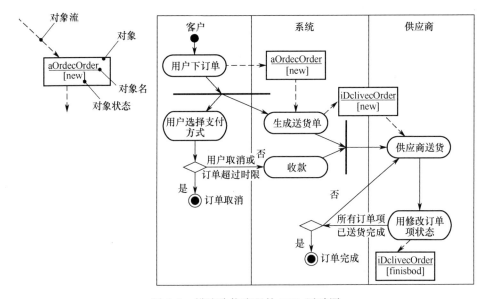

图 6-3　描述购物流程的 UML 活动图

6.1.4　业务流程执行语言

业务流程建模在业务运行之前提前对业务流程进行验证和管控，而业务流程执行语言相当于程序设计语言，是直接提交给流程引擎的实际运行的业务流程。

就目前来讲，Web 服务是实现 SOA 架构的首选，它基于一系列的行业标准技术：WSDL、UDDI 以及 SOAP，它独立于任何特定平台和编程语言，可以跨越组织边界进行调用。Web 服务的业务流程执行语言 BPEI4WS（Business Process Execution Language For Web Services）是 IBM、BEA、Microsoft、SAP 和 Siebel 共同开发的规范，是专为组合 Web 服务而制定的一项规范标准。

业务流程执行语言（Business Process Execution Language，BPEL，发音为'bipple'或'bee-pell'）也称为业务过程执行语言，是一种基于 XML 的、用来描写业务流程的编程语言，被描写的业务流程的每个单一步骤则由 Web 服务来实现。

BPEL 全称为 WS-BPEL，WS-BPEL 原名为 BPEL4WS，最初是在 2002 年 7 月随同 BPEL4WS1.0 规范的发布而出现的，它是 IBM、Microsoft 和 BEA 合作的成果。现行版本是 WS-BPEL2.0 规范。

BPEL 基于 XML 和 Web 服务技术。结合了 WSFL 和 XLANG 两者的优点，同时摒弃了一些复杂烦琐的部分，形成了一种较为自然的描述商业活动的抽象高级语言。可以定义企业内部和企业之间的基于 Web 服务的业务协作。BPEL 提供了一种相对简单易懂的方法，可将多个 Web 服务组合到一个新的复合服务（称作业务流程）中。

BPEL 是建立在 Web 服务技术之上的，因此与 WSDL、XML、SOAP 和 UDDI 等标准密切相关。Web 服务技术中众多标准中，BPEL 扮演流程层的作用。BPEL 的作用是将一组现有的服务组合起来，从而定义一个新的 Web 服务。因此，BPEL 基本上是一种实现此种服务组合的语言。

BPEL 的目标是要实现业务流程定义格式的标准化，使得公司之间可以通过 Web 服务无缝地进行交互。

BPEL 的基本特征如下：

（1）灵活性；

（2）嵌套组装；

（3）关注点分离；

（4）会话状态和生命周期管理；

（5）可恢复性。

BPEL 是基于 Web 服务的，并且依赖于 WSDL。一个 BPEL 流程可以发布为一个 WSDL 定义的服务，并像其他 Web 服务一样被调用。而且，BPEL 希望一个 Web 服务合成所包含的全部外部 Web 服务，都是用 WSDL 服务契约定义的，这令 BPEL 流程可以调用其他 BPEL 流程，甚至可以递归地调用自己。

值得注意的是，BPEL 不直接支持人机对话，BPEL 所描写的过程仅与 Web 服务通信，而这些 Web 服务却可以提供与用户的信息交换，但它们不是用户本身。用 BPEL 编写的流程可以在任何支持 BEPL 规范的平台或产品上运行。

BPEL 支持两类不同类型的业务流程。

（1）可执行流程：定义了要执行的各项具体任务，以及完成业务流程所需要调用的各个服务，它们遵循编排规范，可以被一个编排引擎所执行。

（2）抽象流程：详细说明了双方或多方的公共消息交换，但没有定义流程流的内部行为细节，不可执行。

两种业务流程分别用于不同场景，但两者共用同一套语法元素。这些语法元素的功能包括控制流程逻辑执行顺序、用来执行 Web 服务调用、Web 服务实现、事件响应、故障（及补偿）处理、流程实例匹配（采用相关集）、变量定义与赋值等。

WS-BPEL 是基于 XML 定义的流程描述语言，它位于几个 XML 规范之上：WSDL1. 1、XML Schemal. 0 和 XPath1. 0。其中 WSDL 消息和 XML Schema 类型定义提供了 BPEL 流程所用的数据模型；XPath 为数据处理提供支持；所有的外部资源和伙伴被表示成 WSDL 服务。

BPEL 包含的范围如下：

（1）处理活动的顺序，特别是网络服务互操作；

（2）消息和处理实例之间的关系；

（3）在发生错误和例外情况下的恢复行为；

（4）处理角色之间的基于网络服务关系的双面性。

实例 1：BPEL 的基本结构

```
<process name = "ncname" targetNamespace = "uri"
        queryLanguage = "anyURI"?
        expressionLanguage = "anyURI"?
        suppressJoinFailure = "yes |no"?
        enableInstanceCompensation = "yes |no"?
        abstractProcess = "yes |no"?  >
    <partnerLinks >?... </partnerLinks >
    <partners >?... </partners >
    <variables >?... </variables >
    <correlationSets >?... </correlationSets >
<faultHandlers >?... </faultHandlers >
    <compensationHandlers >?... </compensationHandlers >
    <eventHandlers >?... </eventHandlers >
    activity
</process >
```

实例 1 的 BPEL 基本结构包括了若干组成部分。为了定义一个业务流程，BPEL 引人的如下关键元素：

伙伴（parters）	伙伴链接（partnerLinks）
变量（variables）	活动（activity）
生命周期（process）	关联集合（correlationSets）

事件处理程序（eventHandlers）　　　BPEL 事务与补偿机制（compensatio-nHandlers）

BPEL 异常管理 faultHandlers

部分关键元素之间的关系如下：

（1）流程是由一系列活动组成的；

（2）流程通过伙伴链接来定义与流程交互的其他服务；

（3）服务中可以定义一些变量；

（4）流程可以是有状态的长时间运行过程，流程引擎可以通过关联集合将一条消息关联到特定的流程实现。

伙伴（parters）：

（1）一个流程可以调用其他服务，也可以响应来自客户端的请求；

（2）一个流程既可以作为服务的请求者，也可以扮演服务的提供者；

（3）BPEL 把与流程交互的其他服务称为伙伴。

在异步通信环境中，流程与伙伴之间的会话可能是双向的，它们会扮演不同的角色。因此，为了消除在通信过程中的多义性，我们需要明确服务和流程所扮演的角色。

例如：在图 6-4 所示 BPEL 中的伙伴中，其对应的 BPEL 语言为：

```
<partnerLinks>
    <partnerLink name="customer" serviceLinkType="lns:purcha-se-
    PLT" myRole="purchaseService"/>
    <partnerLink name="inventoryChecker" serviceLinkType="lns:
    inventoryPLT" myRole="inventoryRequestor" partnerRole="in-
    ventoryService"/>
    <partnerLink name="creditChecker" serviceLinkType="lns:cred-
    itPLT" myRole="creditRequestor" partnerRole="creditSer-
    vice"/>
</partnerLinks>
```

图 6-4　BPEL 中的伙伴 parters

伙伴链接（partnerLinks）：

（1）伙伴链接用于实现 Web 服务长期稳定的交互，描述伙伴之间的关联；

（2）这种关联是通过 < partnerLink > 元素来定义的；

（3）如果在流程的活动中需要指定与特定伙伴的交互，只需要引用 part-nerLink 的名称即可；

（4）在 < partnerLink > 元素中，属性 myRole 指出了业务流程本身的角色，而属性 partnerRole 指出了伙伴的角色；

（5）通过 partnerLink 的抽象，在流程建模时不必指定具体的服务端点，而将流程与具体服务的绑定推迟到组装或运行时来完成；

（6）这种动态伙伴关系为流程带来了极大的灵活性，也增强了流程的可复用性。

实例 2：一个包含 < partnerLinks > 的实例

```
< partnerLinks >
< partnerLink name = "client"partnerLinkType = "tns:Time-
    sheetSubmissionType"
myRole = "TimesheetSubmissionServiceProvider"/ >
< partnerLink name = "Invoice"partnerLinkType = "inv:Invo-
    iceType"
partnerRole = "InvoiceServiceProvider"/ >
< partnerLink name = "Employee"
    partnerLinkType = "emp:EmployeeType" partnerRole =-
    "EmployeeServiceProvider"/ >
< partnerLink name = "Notification" partnerLinkType = "not:Noti-
    ficationType"
    partnerRole = "NotificationServiceProvider"/ >
</partnerLinks >
```

在实例 2 中，注意到每一个 < partnerLink > 元素中都包含一个 partner-LinkType 属性。下面解释一下 partnerLinkType 。伙伴链接通过引用 partner-LinkType（伙伴链接类型）来定义流程与伙伴服务之间的通信接口（实际上是 WSDL 文档中的 Port Type）。伙伴链接类型声明了两个或多个服务之间的关系。partnerLinkType 通常被定义在 WSDL 文档中，被 BPEL 流程所引用。

图 6-5 所示为 BPEL 流程定义和 WSDL 文件之间的映射关系。

实例 2 的代码片段显示了如何利用 partnerLink 和 partnerLinkType 定义流程与伙伴的合作关系。根据 BPEL 流程定义和 WSDL 文件之间的映射关系，还需要在流程对应的 WSDL 文档中定义 partnerLinkType。

实例 3：与实例 2 对应的 WSDL 文档中定义 partnerLinkType

```
< definitions name = "Employee" targetNamespace = "http://www.
    xmltc. com/tls/employee/wsdl/"
        xmlns = "http://schemas. xmlsoap. org/wsdl/"
```

```
xmlns:plnk =http://schemas.xmlsoap.org/ws/2003/05/partner-
link/
    ...
...
        <plnk:partnerLinkType    name ="EmployeeServiceType" -
        xmlns = "http://schemas.xmlsoap.org/ws/2003/05/partner-
        link/" >
          <plnk:role   name ="EmployeeServiceProvider" >
             <portType name ="emp:EmployeeInterface"/ >
          </plnk:role >
        </plnk:partnerLinkType >
        ...
</definitions >
```

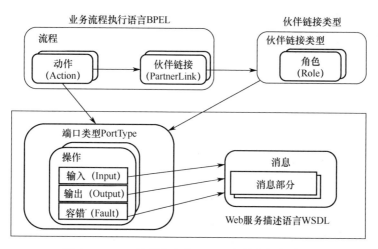

图 6-5　BPEL 流程定义和 WSDL 文件之间的关系

BPEL 由一系列步骤组成，这些步骤称为活动。

活动分为如下两类。

1. 基本活动

基本活动描述了流程内的一个具体步骤，如接受请求、调用伙伴服务、变量赋值等

基本活动是与外界进行交互最简单的形式，活动内不会嵌套其他活动。它们是无序的个别步骤，与服务进行交互、操作、传输数据或者处理异常等。

基本活动包括：

（1）流程用于和外界进行交互的基本活动：Receive、Invoke、Reply。

（2）流程用于传输数据的基本活动：Assign。

（3）通过 throw 活动发出故障信号。

（4）通过 exit 活动放弃所有流程实例的执行。

（5）通过 wait 活动使流程等待一段时间或到达某个截止期限后再执行。

（6）通过 empty 活动不执行任何的动作。

2. 结构化活动

结构化活动描述了如何组织和管理流程的控制流。

结构化的活动规定了一组活动发生的顺序。它们描述了业务流程是怎样通过把它执行的基本活动组成结构而被创建的，这些结构表达了涉及业务协议的流程实例间的控制形式、数据流程、故障和外部事件的处理，以及消息交换的协调。结构化的活动可以被任意地嵌套和组合。

主要结构活动包括如下：

（1）sequence——按照一个序列处理一系列活动；

（2）while——在一个条件满足的情况下处理一个活动；

（3）switch——按照不同条件处理不同活动；

（4）flow——平行或者按照随意顺序处理活动；

（5）pick——按照外部事件从过程的角度不定值地选择。

BPEL 活动举例如图 6-6 所示，其对应的 BPEL 源码如图 6-7 所示。

图 6-6　BPEL 活动

其他元素的具体细节可以参考 BPEL2.0 相关规范说明。

至此，已经基本了解了 BPEL 流程中关键元素的使用。既然 BPEL 是专为 Web 服务组合设计的，来看一下 BPEL 流程和 Web 服务交互应用。如图 6-8 所示的业务流程首先由客户端（JSP）通过消息发起流程，创建流程实例，并传入相关参数；流程在 Receive 节点将参数存入与 BPEL 流程绑定的 WSDL 接口的输入变量 BO 中；添加 InvokeService 节点调用外部的 WebService，该 Web 服务可能是由 ERP、CRM 或者 OA 等业务系统暴露出的服务接口，WebService 根据输入变量 BO 完成查询数据库、启动其他工作流等相关业务处理，并返回输出值给 BPEL 流程；流程在 Reply 节点把输出值返回给前台 JSP，至此流程结束。

```xml
<?xml version="1.0" encoding="UTF-8"?>
<!--
BPEL Process Definition
Edited using ActiveBPEL(r) Designer Version 4.1.0 (http://www.active-endpoints.com)
-->
<bpel:process xmlns:bpel="http://docs.oasis-open.org/wsbpel/2.0/process/executable" xmlns:ns1="http
    <bpel:import importType="http://schemas.xmlsoap.org/wsdl/" location="http://localhost:8080/bpel
    <bpel:import importType="http://schemas.xmlsoap.org/wsdl/" location="file:/E:/wsdl/bpelTest.wsd
    <bpel:import importType="http://schemas.xmlsoap.org/wsdl/" location="file:/E:/wsdl/getName.wsdl
    <bpel:import importType="http://schemas.xmlsoap.org/wsdl/" location="http://localhost:8080/getN
    <bpel:import importType="http://schemas.xmlsoap.org/wsdl/" location="http://localhost:8080/sayH
    <bpel:import importType="http://schemas.xmlsoap.org/wsdl/" location="file:/E:/wsdl/sayHello.wsd
    <bpel:partnerLinks>
        <bpel:partnerLink myRole="manage" name="bpelTest" partnerLinkType="ns2:bpelTest"/>
        <bpel:partnerLink name="getName" partnerLinkType="ns3:getName" partnerRole="manage"/>
        <bpel:partnerLink name="sayHello" partnerLinkType="ns6:sayHello" partnerRole="manage"/>
    </bpel:partnerLinks>
    <bpel:variables>
        <bpel:variable messageType="ns1:bpelTestRequest" name="bpelTestRequest"/>
        <bpel:variable messageType="ns1:bpelTestResponse" name="bpelTestResponse"/>
        <bpel:variable messageType="ns4:getNameRequest" name="getNameRequest"/>
        <bpel:variable messageType="ns4:getNameResponse" name="getNameResponse"/>
        <bpel:variable messageType="ns5:sayHelloRequest" name="sayHelloRequest"/>
        <bpel:variable messageType="ns5:sayHelloResponse" name="sayHelloResponse"/>
    </bpel:variables>
    <bpel:flow>
        <bpel:links>
```

图 6-7   BPEL 活动对应的源码

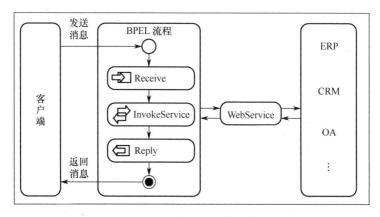

图 6-8   BPEL 流程和 Web 服务交互应用

BPEL 事务与补偿机制如下：

事务是指一组作为同一单元的活动，要么全面成功，要么全部失败。事务包括如下属性：原子性、一致性、隔离性和持久性，简称 ACID。

由于一个业务流程可能需要持续很长时间，而且流程可能涉及外部服务。在流程完成之前，单个活动可能已经完成，如果随后某个事件或错误发生而导致流程取消，已经完成的活动需要被恢复。在这种情况下要使用补偿机制来完成任务。

补偿处理是为了将流程的状态回滚，回到跟进入作用域前一样。所需要做的就是将该作用域内已执行部分采用其他行为进行撤销，通常是调用一个效果相反的服务。通过补偿处理程序，作用域可以描述一部分通过应用程序定义的方式可撤销的行为。有补偿处理程序的作用域可不受约束任意深地被嵌套。补偿处理程序仅仅是补偿活动的包装。在许多情况下，补偿处理程序需要接收当前状态的数据，并返回关于补偿结果的数据。补偿处理程序的调用方法是使用 compensate 活动。

需要注意的是，直接编写 BPEL 源码是不可行的，需要借助 BPEL 流程设计工具，在工具中通过图形符号完成业务流程图，流程图对应的 BPEL 源码就可以自动生成。BPEL 流程设计工具有很多，比如 Eclipse 可以加载相应的 BPEL 开发插件，这个可以从官方网站下载即可。另一种 BPEL 流程设计工具是 Orchestra Designer，该项目来源于 2009 年 OW2 开源比赛题目，目标是为 OW2 上的开源 BPEL 引擎 Orchestra 提供一个基于 Flex 技术的在线工作流编辑工具，并与 Orchestra 的 Web 2.0 管理控制台集成。该建模工具针对非技术人员，采用一种比 BPEL 更面向业务、更直观的图元作为建模基础，生成的模型可以在后台转换成 BPEL 输出，并部署在 BPEL 引擎上运行。

主流的 BPEL 流程设计工具是 Oracle 公司的 Oracle BPEL Process Manager，功能强大并自带 BPEL 执行引擎，生成的 BPEL 源码可以在执行引擎上直接运行。

6.1.5　BPEL 引擎

BPEL 核心组件由 3 部分组成：

（1）　BPEL 设计工具（BPEL Designer）；

（2）　业务流模板（Process flow template）；

（3）　BPEL 引擎（BPEL Engine）。

BPEL 设计工具大多基于 Eclipse 实现。业务流模板遵守 BPEL 规范，它在设计阶段有 BPEL 设计工具生成，运行阶段由 BPEL 引擎执行。

BPEL 引擎执行任何与 BPEL 标准相符的业务流模板，主要功能包括调用 Web 服务、数据内容映射、错误处理、事务支持、安全等。通常 BPEL 引擎与应用服务器集成在一起。

举个简单例子来理解一下上述概念。

　　比如一个审理文件的工作流系统。现在要审批一个文件，只需要坐在电脑旁，打开公司的工作流系统，点击某个按钮来启动审批这个文件的流程。这样，文件就随着工作流系统的控制，从一级领导→二级领导等一路走下来。当然，这些领导们也是这个系统的用户，他们进入这个系统就看到了自己需要审批的文件了

　　在上面这个例子中，流程一般是用流程设计器（也就对应上文的 BPEL 设计工具）来创建的。把流程创建好之后，一般会生成一个基于 XML 的文本文件（对应业务流模板），这个文件其实就是刚才设计的流程。然后，把文件交给流程引擎，设计器的工作就算完成了。

　　只有上面的流程文件没什么作用，这时就需要一个"东西"来处理这个文件，它读取这个文件的内容，根据文件设定的流程走向来控制这个流程。这个关键性的"东西"就是引擎。

　　引擎就好像流程的指南针一样，指导着流程走向不同的地方。它是整个系统的核心。

　　目前主流的 WS-BPEL 引擎有以下几个：

　　（1）Oracle BPEL Process Manager：甲骨文公司的 BPEL 标准的执行引擎，带有 JDeveloper 和 Eclipse 的图像式模型和调配工具。

　　（2）IBM 的 WBI Server Foundation。

　　（3）BEA Integration。

　　开源的 WS-BPEL 引擎：

　　（1）ActiveVOS：一个开放源代码的 BPEL4WS 1.1 的执行。

　　（2）Twiste：一个开放源代码的 BPEL 标准的执行，支持面向服务架构和人机界面，现名 Agila bexee。

　　（3）fivesight-pxe。

　　其中开源的 WS-BPEL 引擎 ActiveVOS 是 ActiveBPEL 的商业化产品。ActiveBPEL 引擎的最新版本 3.0，完全支持 WS-BPEL2.0 规范。其包含引擎和定制工具以及控制台。引擎是开源，但是定制工具并非开源。ActiveBPEL 是 BPEL 引擎的代表。

　　ActiveBPEL 引擎在结构上有 3 个主要的方面：引擎（Engine）、流程（Process）和活动（Activity）。引擎执行相匹配的一个或多个 BPEL 流程，流程由活动组成，并按照活动的顺序或包含 LINK 执行。ActiveBPEL 引擎根据 BPEL 流程的定义（XML 文件）创建流程实例，并执行这个流程。

　　图 6-9 所示的 ActiveBPEL 引擎中右边的数据库元素代表一般的持久性存储。ActiveBPEL 引擎采用了插入式的结构，不同的管理器可以执行不同的存储机制，ActiveBPEL 引擎伴有一个持续的管理者在内存中记录每件事。

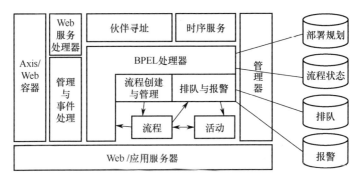

图 6-9　ActiveBPEL 引擎的体系结构

ActiveBPEL 引擎工作原理如下：

1）启动引擎

利用一个引擎工厂管理一个 ActiveBPEL 引擎的创建。并通过一个对象提供的缺省值读取 aeEngineConfig. xml 文件来配置引擎。

2）创建流程

流程创建中每个 BPEL 流程必须至少有一个起始活动。一个新的 BPEL 流程，当它的起始活动被触发时创建，也就是一个引入消息或一个 PICK 活动的警报的到来。引擎分派引入的消息给正确的流程实例。如果有相关的数据，引擎就会发现正确的实例并匹配相关的数据，如果没有相关的数据，请求匹配一个新的活动，一个新的流程实例被创建。

3）输入和输出

Activebpel 引擎本身并不处理输入和输出。然而，协议规范处理器像 AeBpelRPCHandler 和 AeBpelDocumentHandler 把数据从一种特殊的协议转换为一种消息，反之亦然。

4）数据处理

所有变量的实现通过 IAeVariable 接口。这个接口能够得到变量的定义和它的有效负载，如果变量被声明成一种相对的元素或消息，将会有所不同。消息的负载需要一个和部件对象交互的接口。

5）表达式计算

所有活动和链接允许使用对象各种属性的表达式。这些表达式需要一个相容的方法来执行并描述执行的相互关系。IaeBpelObject 对象本身可以包含这些实现，并能够提供继承于对象的抽象基本类。BPEL 对象是它自己的作用域，并且可以被用来正确地找回表达式内容的变量。赋值允许所有的 XPATH 扩展（for example，bpws：getVariableData）。

6）调试及日志（Debugging and Logging）

在流程执行期间，ActiveBPEL 引擎激活流程的事件 。

当日志启动，一个 AEEngineLogger 实例监听引擎的事件并写出每个流程的日志文件。一旦流程完成，文件关闭。日志文件放在 ｛user. home｝／AeBpelEngine／process-logs。

商业产品 IBM 的 WS-BPEL 引擎是 WBI Server Foundation。

WBI Server Foundation 由运行环境和开发环境组成，它的开发环境是 WS-AD-IE，在 WSAD-IE 中完成流程开发后，将流程的 EAR 应用部署到运行环境中。WBI Server Foundation 的运行环境提供一个高效的 J2EE 工作流引擎，它由流程导航（Navigator）、人员交互相关的工作项管理（WorkItem Management）、工厂（Factory）、内部和外部接口、客户端（Client）等部分组成。流程相关的数据能够以下列形式之一被存储：

（1）瞬时存储在内存中，不可中断的流程要获得高效率的执行，需要这种形式；

（2）持久存储在数据库中，可中断的流程要获得持久性，需要这种形式。

它支持的数据库包括 DB2、Oracle、Sybase 和 Cloudscape。

简单对比一下几种主流的 BPEL 引擎的功能，见表6-1。

表6-1 主流的 BPEL 引擎功能对比

功能 ＼ 产品	BEA Integration	IBM WBI SF	ORACLE BPEL	ActiveBPEL
对 BPEL 支持	不支持，到8.5版本支持	支持	支持	支持
对 Java Snippet 支持	支持	支持	支持	不支持
对人工活动的支持	支持	支持	支持	不支持
整体评价	—	—	好	—

6.1.6 BPEL 流程执行案例

下面利用开源 BPEL 引擎 Apache ODE 工具进行业务流程执行语言（BPEL）的具体执行过程讲解。

具体步骤如下：

（1）下载开源 BPEL 引擎 Apache ODE 工具的安装包。

下载地址为 http：／／www. apache. org／dyn／closer. cgi／ode／apache-ode-war-1. 3. 5. zip，或进入 http：／／ode. apache. org／。

（2）在 Web 服务器中安装 Apache ODE。

解压缩 ODE 安装包，可得到 ODE. WAR 文件，复制到 Web 服务中间件的应用目录即可，如 TOMCAT 的 webapps 目录。启动 Tomcat，即以下地址 http：／／localhost：8080／ode，即可访问本机的 ODE 主页（图6-10）。

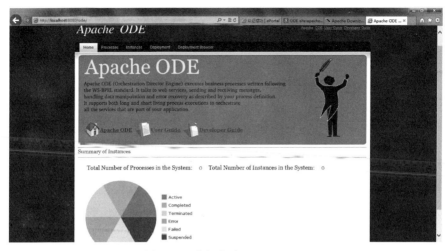

图 6-10　本机启动 Apache ODE

（3）操作系统命令行状态在目录 F：\SOFTWARE\ODE\apache-ode-war-1. 3. 5\bin 下执行（注意，先把 testRequest. soap 从\examples\HelloWorld2 复制到\bin 目录）以下命令：

　　sendsoaphttp：//localhost：8080/ode/processes/helloWorld　testRequest. soap

执行结果如图 6-11 所示。

图 6-11　sendsoap 执行结果

testRequest. soap 文件如下：

```
<? xml version = "1.0" encoding = "utf-8" ? >
```

```
< SOAP-ENV:Envelope xmlns:SOAP-ENV = "http://schemas. xmlsoap.
 org/soap/envelope/" >
  <! -- test soap message -- >
  < SOAP-ENV:Body >
    < ns1:hello xmlns:ns1 = "http://ode/bpel/unit-test.wsdl" >
       < TestPart xmlns = "" >Hello </TestPart >
    </ns1:hello >
  </SOAP-ENV:Body >
</SOAP-ENV:Envelope >
```

后台生成的 BPEL 语言源码为：

```
< process xmlns = "http://docs. oasis-open. org/wsbpel/2.0/process/
 executable" xmlns: xsd = " http://www.w3.org/2001/XMLSchema "
 xmlns: tns = "http://ode/bpel/unit-test" targetNamespace = "ht-
 tp://ode/bpel/unit-test" name = " HelloWorld2 " expressionLan-
 guage = "urn:oasis:names:tc:wsbpel:2.0:sublang:xpath2.0" query-
 Language = "urn: oasis: names: tc: wsbpel: 2.0: sublang: xpath2.0"
 xmlns:test = "http://ode/bpel/unit-test.wsdl" >
< import namespace = "http://ode/bpel/unit-test.wsdl" location = "
 HelloWorld2.wsdl" importType = " http://schemas. xmlsoap. org/ws-
 dl/"/ >
< partnerLinks >
    < partnerLink name = "helloPartnerLink" myRole = "me" partner-
     LinkType = "test:HelloPartnerLinkType"/ >
  </partnerLinks >
< variables >
< variable name = "myVar" messageType = "test:HelloMessage"/ >
< variable name = "tmpVar" type = "xsd:string"/ >
</variables >
< sequence >
< receive name = "start" portType = "test: HelloPortType" partner-
 Link = "helloPartnerLink" createInstance = "yes" variable = "my-
 Var" operation = "hello"/ >
< assign name = "assign1" >
  < copy >
    < from variable = "myVar" part = "TestPart"/ >
    < to variable = "tmpVar"/ >
  </copy >
< copy >
```

```
    <from>concat($tmpVar,' World')</from>
    <to variable="myVar" part="TestPart"/>
</copy>
</assign>
<reply name="end" portType="test:HelloPortType" partnerLink="
  helloPartnerLink" variable="myVar" operation="hello"/>
</sequence>
</process>
```

（4）在 Eclipse 中新建客户端程序 TestHelloBPEL 类，代码如下：

```java
package client;
import java.net.MalformedURLException;
import java.net.URL;
import java.util.Vector;
import org.apache.axis2.AxisFault;
import org.apache.soap.Constants;
import org.apache.soap.Fault;
import org.apache.soap.SOAPException;
import org.apache.soap.rpc.Call;
import org.apache.soap.rpc.Parameter;
import org.apache.soap.rpc.Response;
public class TestHelloBPEL {
public static void main(String[] args) throws AxisFault, Malforme-
dURLException, SOAPException {
Call c = new Call();
URL url = new URL("http://localhost:8080/ode/processes/hel-
loWorld");
Vector params = new Vector();
Response rep = null;
String helloStr = "您好,";
String oururn = "http://ode/bpel/unit-test.wsdl";
String ourmethod = "hello";
c.setTargetObjectURI(oururn);
c.setMethodName(ourmethod);
c.setEncodingStyleURI(Constants.NS_URI_SOAP_ENC);
params.addElement(new Parameter("TestPart", String.class,
helloStr, null));
c.setParams(params);
rep = c.invoke(url, "");
```

```
if(rep. generatedFault()) {
Fault fault = rep. getFault();
System. out. println("\n 调用失败!");
} else {
Parameter result = rep. getReturnValue();
System. out. println(result. getValue());
}
}
}
```

客户端程序执行结果如图6-12所示，说明向BPEL执行引擎发送的调用指令执行正确。

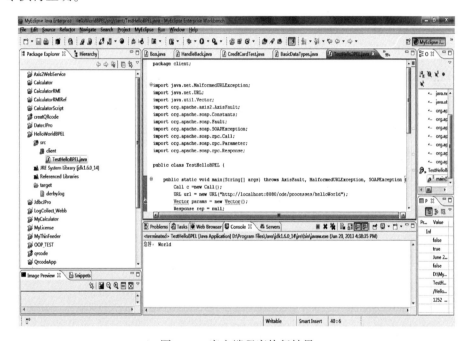

图6-12　客户端程序执行结果

其中，服务器上的BPEL引擎Apache ODE中的配置文件deploy. xml文件如下：

```
< deploy xmlns = "http://www. apache. org/ode/schemas/dd/2007/03"
xmlns:pns = "http://ode/bpel/unit-test"
xmlns:wns = "http://ode/bpel/unit-test. wsdl" >
< process name = "pns:HelloWorld2" >
    < active >true </active >
    < provide partnerLink = "helloPartnerLink" >
```

```
    < service name = "wns:HelloService"  port = "Hello-Port"/ >
    </provide >
  </process >
  </deploy >
```

6.2　Web 服务组合

如今，云计算和服务科学的融合应用日益具体与深入。云计算中 SaaS 层的应用资源越来越多地以 Web 服务的形式向云用户交付使用。Web 服务是提供特定功能的自描述的软件应用。Web 服务之间可通过标准的协议和基于 XML 的消息进行相互通信。互联网用户也已逐渐习惯了以 Web 服务的形式使用 IT 资源，但是单个 Web 服务功能单一，由此需要采用组合服务的形式提供大粒度的增值服务。

6.2.1　服务组合

Web 服务组合是指当前的 Web 服务中没有能够满足用户请求的单个服务时，需要将已有的若干个 Web 服务进行合成，形成具有内部逻辑流程的组合服务，并通过对组合服务的执行实现用户请求的目标。

Web 服务可复用性的特点使得其可被组合成为功能更复杂的服务，即通过服务组合技术，独立的、细粒度的 Web 服务能够被整合成增值的、粗粒度的服务。

服务组合（Service Composition）是以特定的方式（取决于服务组合语言）按给定的应用逻辑将若干服务组织成为一个逻辑整体的方法、过程和技术。

其中：

（1）核心元素是服务和组合逻辑。

（2）服务包括 IT 服务和业务服务。业务服务是一种业务级的服务抽象。

（3）组合逻辑描述了服务之间的控制关联、数据关联，以及对服务的约束。组合逻辑对应于上一节的业务流程。

（4）应用构建人员也相应分为 IT 人员和最终用户两类。

服务组合按照是否有中央控制可分为服务编排（Service Orchestration）和服务协同（Service Choreography）。服务协同中组合各方没有中央控制逻辑（业务流程），关注的是组合中的协作问题。

服务编排将组合看作一个将被执行的程序或者一系列部分有序的操作，定义了如何将小粒度的服务按照特定的流程聚合为大粒度的服务。Orchestration 的本意是"为管弦乐谱曲"：使用五线谱所提供的基本音符，构造一首完整的乐曲。服务编排的特点有：①执行时需要有中心控制机制；②由一个组织所拥有。侧重点是如何使用已有的服务来构造新的服务。图 6-13 所示为在业务流程控制下 5 个 Web 服务参与的服务编排。

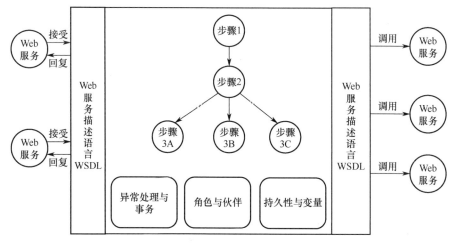

图 6-13　服务组合（编排）

服务协同将组合看作在参与者之间交换的一系列消息，定义了如何在多方的业务流程之间通过服务实现协同的动作编排。

下面讲到服务组合，一般指服务编排。图 6-14 所示为一个典型的 Web 服务组合的实现框架。实现框架包括 2 种用户角色（服务请求者和服务提供者）和 5 个部件（翻译器、组合管理器、执行引擎、服务匹配器和服务库），可选部件本体库为服务描述提供本体定义和推理支持。

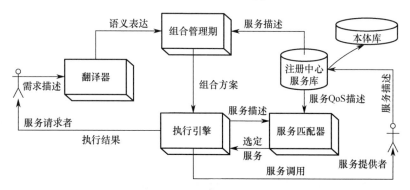

图 6-14　服务组合实现框架

该实现框架的工作流程如下：

（1）服务提供者通过服务注册，将服务信息发布到注册中心的服务库。

（2）服务请求者提交的服务需求经翻译器处理，从自然语言变为具有语义的需求描述传递给组合管理器。

（3）组合管理器根据需求描述和来白服务库的服务描述，生成满足服务需求的组合方案，传递给执行引擎。

（4）执行引擎将组合方案传递给服务匹配器，服务匹配器根据服务描述选择最适合的 Web 服务，将其句柄返回执行引擎。

（5）执行引擎根据组合方案和 Web 服务句柄调用并监控 Web 服务执行。

（6）最终将执行结果传递给服务请求者。

服务组合的思想来源于 SOA 的集成理念，即：

（1）集成；

（2）尽可能地集成；

（3）尽可能灵活地集成；

（4）将小粒度服务集成为大粒度服务；

（5）将硬编码的集成变为动态可配置的集成。

集成是 SOA 的优势所在，也是我们追求的目标所在。独立存在的服务具有较低的价值，只有多方提供的多个服务集成在一起，通过协同来完成共同的业务目标，服务和 SOA 才能体现出其优势。单个 Web 服务的功能或/和性能有限，难以满足一些业务应用的需求，从而需要解决服务组合问题。服务组合将已有服务组合为一个新服务的过程，以增加服务的可复用性、功能和性能。

如图 6-15 所示，信息系统由用户层（Consumers）、业务流程层、服务层、服务构件层和操作系统层组成，开设银行账户的功能是由账户激活（Activation）和账户验证（Verification）两大活动构成，其中账户激活功能由服务层的 AR Setup、Account Setup 和 Create Account 3 个服务通过服务组合完成。

前面介绍的面向 Web 服务的业务流程执行语言（BPEL 或 BPEL4WS）就是一种使用 Web 服务定义和执行业务流程的语言。BPEL 可以通过组合、编排和协调 Web 服务自上而下地实现面向服务的体系结构（SOA）。BPEL 提供了一种相对简单易懂的方法，可将多个 Web 服务组合到一个新的复合服务（称作业务流程）中。

6.2.2　服务组合方法

WS-BPEL 等标准只是规定了服务编排之后的模型样式，难点问题在于如何进行编排。即给定用户需求，如何选择恰当的服务集合并组织起来形成一个流程，并且能够满足功能和 QoS 方面的需求。这是一项非常困难的任务，需要考虑多方面要素，如协调（Coordination）、事物（Transaction）、情境（Context）、会话建模（Conversation Modeling）、运行监控（Execution Monitoring）、基础设施（Infrastructure）等。目前，如何提高云中 Web 服务的协作能为仍然是一个重要课题，而以提高服务质量 QoS 为目标的多 Web 服务组合优化问题尚未得到有效解决。

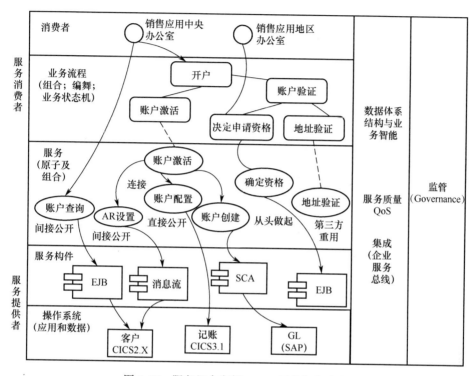

图 6-15　服务组合案例——"开设银行账户"

服务组合方法主要分为静态组合和动态组合。

（1）静态组合：假定已知组合的目标，相关服务及其交互方式。此时，只需要找到对应的服务，建立相应的组合脚本（如 BPEL）并执行它即可。

静态组合一般在设计时完成，适用于业务需求和环境较少发生变化的场合。Microsoft Biztalk、BEA Weblogic 等均支持静态组合。

静态组合的缺点是可扩展性差。随着可用服务的数量增加，手动组合是不现实的。在一些应用情况中，应用程序或用户的目标可能随系统或环境而变化，可用服务及其交互方式也可能随系统或环境变化。

（2）动态组合：根据用户的动态目标和约束以及可用资源和服务，在运行时执行组合，实现按需组合。

动态组合的核心问题是根据当前环境生成备选组合规划，并评估（现实的）最优规划。

动态组合一般在运行时完成，适用于需求和环境频繁发生的场合。HP e-Flow 和 Sun StarWSCop 等产品支持动态组合。

从服务编排过程的自动化程度来分，服务组合可分为手工组合、半自动化组合、全自动组合。

（1）手工组合：由人去理解服务的输入输出结构和语义，选定可用的服务，并手工将其组合起来。这种方式的效率低下，准确率不高，难以灵活的发生变化。

（2）半自动化组合：在组合过程中通过算法向用户提供一些过滤、选择、连接等方面的智能化建议，以改善手工组合中存在的问题。

（3）全自动组合：服务的发现、匹配和连接都是自动执行而无需人工参与，服务组合可根据环境的变化来动态的调整，人工不再成为瓶颈。

目前的研究热点是全自动组合。这意味着服务组合可根据环境的变化来动态的调整。但是，要想让计算机代替人的工作，算法必须能够完全理解组合的目标、各候选服务的所能完成的功能以及 QoS。目前在这方面的研究主要是基于 AI 规划的方法，使用形式语言描述问题的初始状态、目标状态和一系列可能行为的描述，通过一个具有推理能力的规划器（Planner），采用前溯或后溯的策略，逐步得到规划结果。

实现服务组合的主流途径，主要有：

（1）BPEL；

（2）OWL-S；

（3）Web Components；

（4）π-calculus；

（5）Petri Nets；

（6）模型检测/有限状态机（Model Checking/FSM）。

目前服务组合方法的两大主流方法：

（1）基于 XML 的方法：以 WSDL + BPEL4WS 为代表，主要应用于工业界的实践中。BPEL 可以通过组合、编排和协调 Web 服务自上而下地实现 SOA。BPEL 可将多个 Web 服务组合到一个新的复合服务（业务流程）中。

这类服务组合的目标是实现流程的自动化处理，它是工作流技术与 Web 服务技术相结合的产物。它以业务流程为基础，通过为业务流程中的每一个环节（步骤）分别选择和绑定 Web 服务，而形成一个流程式的组合服务。因此这类服务组合的内部结构、服务之间的交互关系和数据流等全都受控于业务流程。其组合过程可以描述为：首先依托建模工具，根据业务逻辑手工创建业务流程模型，之后分别为流程中的每一个活动从服务库中选取并绑定能执行该步骤所对应任务的服务，并根据业务流程中的数据流设置服务之间的参数传递和参数映射。有时为了提高业务流程的灵活性，使得服务组合具有较好的容错性和动态性，往往借助服务模板、服务社区等机制实现服务的动态选取和运行时绑定。

（2）基于语义的方法：以 RDF/DAML-S + Golog/Planning 为代表，以人工智能技术为基础，广泛采用语义 Web 服务、本体、形式化方法等，目前尚未成熟，主要出现在学术界的研究中，离实际应用还有差距。

语义 Web 服务组合研究的基本思想是通过建立一个能够在多个层面上描述 Web 服务的描述模型，为服务组合提供更为精确和通用的语义信息，然后以此为基础，利用语义推理技术实现服务发现、选择、组合和执行的智能化、自动化。如何构建具有自治性、主动性和推理性的 Web 服务，利用语义技术实现服务查询和匹配的自动化，开发通用的、智能化的 Web 服务组合系统，仍然是语义 Web 服务走向应用过程中要考虑的关键问题。

随着 Web 服务研究的深入，以及 Web 服务应用的日益推广，相信服务组合技术将会在不久的将来被广泛应用于电子商务、企业应用集成，将成为企业业务服务增值的重要的途径。

练习题

一、思考题

1. 什么是业务流程？业务流程在 SOA 中的作用如何？

2. 业务流程管理的目标是什么？业务流程建模与业务流程执行语言是什么关系？

3. WS-BPEL 的作用和特点是什么？WS-BPEL 是如何支持事务处理的？

4. BPEL 引擎的作用是什么？简述主要 BPEL 引擎的功能。

5. Web 服务流程可视化建模技术是什么？请举例陈述。

6. 服务组合的作用是什么？服务组合方法有哪些？各有什么特点？

二、应用题

下载开源 BPEL 引擎 Apache ODE，利用此引擎组合两个 Web 服务采用顺序结构运行。

第 **7** 章

Web 服务开发工具

本章学习目标：

通过本章的学习，了解软件工具在软件开发中的重要作用，掌握 . NET 环境和 Java 平台下常用的 Web 服务开发工具的使用，学会按照需要选择适合项目要求的开发工具，能够根据开发工作特点提出对软件开发工具的需求。

本章要点：

- 开发工具在 Web 服务开发中的作用；
- . NET 环境下的 Web 服务开发工具；
- 基于 Java 的 Web 服务开发工具；
- 基于 SCA/SDO 工具的 Web 服务开发；
- 开发工具在 Web 服务开发中的作用。

工欲善其事，必先利其器。软件工程包括 3 个要素：方法、过程和工具。软件工具是指为支持计算机软件的开发、维护、模拟、移植或管理而研制的程序系统。它是为专门目的而开发的，在软件工程范围内也就是为实现软件生存期中的各种处理活动（包括管理、开发和维护）的自动化和半自动化而开发的程序系统。开发软件工具的最终目的是为了提高软件生产率和改善软件的质量。

Web 服务开发涉及服务程序的编写、Web 服务的部署与发布、服务调用等环节，中间需要处理的协议众多，另外还有安全、事务、管理等非质量因素，可以说十分复杂。由此需要支持 Web 服务开发的各类软件工具，它使得整个 Web 服务生命周期的开发过程事半功倍。

7.1 NET 环境下的 Web 服务开发工具

. NET 是微软公司（Microsoft）的 Web 服务平台。Microsoft . NET 平台是提供创建 Web 服务，并将服务集成的开发环境。. NET 是微软的技术平台，为敏捷商务构建互联互通的应用系统，这些系统是基于标准的、联通的、适应变化的、稳定的和高性能的。从技术的角度，一个.NET应用是一个运行于.NET Framework之上的应用程序。.NET是基于Windows操作系统运行的操作平台，应用于互联网的分布式应用开发架构。

Visual Studio是微软公司推出的开发环境，是目前最流行的Windows平台应用程序开发环境。Visual Studio 2010版本于2010年4月12日上市，其集成开发环境（IDE）的界面被重新设计和组织，变得更加简单明了。Visual Studio 2010同时带来了.NET Framework 4.0、Microsoft Visual Studio 2010 CTP（Community Technology Preview）。除了Microsoft SQL Server，它还支持IBM DB2和Oracle数据库。Visual Studio可以用来创建Windows平台下的Windows应用程序和网络应用程序，也可以用来创建网络服务、智能设备应用程序和Office插件。

Visual Studio开发应用一般采用C#语言。C#语言是微软公司发布的一种面向对象的、运行于.NET Framework之上的程序设计语言，类似于C++和Java。例如，以下几个概念处于相同的功能：命名空间（namespace）与Java中的包package；using与Java中的import；编译注解符号［　］与Java中的注解符号@。

7.1.1　创建Web服务

（1）以管理员身份打开Visual Studio 2010。

（2）创建一个Asp.Net Web应用程序的项目，名称为WebServiceDemo。

（3）在刚创建的Web程序项目里添加一个Web服务文件，如图7-1所示，Web服务文件名为TestService.asmx。.NET环境下Web服务文件的扩展名为.asmx。

（4）编写Web服务TestService.asmx的程序代码，主要样例代码如下。

```
using System;
using System.Collections.Generic;
using System.Linq;
using System.Web;
using System.Web.Services;        //导入Web服务相关包
namespace WebService
{
[WebService(Namespace = "http://aaa.org/")]   // Web服务相关注解
[WebServiceBinding(ConformsTo = WsiProfiles.BasicProfile1_1)]
[System.ComponentModel.ToolboxItem(false)]
 //若要允许使用ASP.NET AJAX从脚本中调用此Web服务,则取消对下行的注释。
```

```
// [System.Web.Script.Services.ScriptService]
public class TestService : System.Web.Services.WebService
{
    [WebMethod]   //服务方法的注解,说明下面的方法为对外发布的可调用 Web
服务方法
    public string HelloWorld()
    {
        return "Hello World";
    }
    [WebMethod]   //服务方法的注解
    public int Add(int i, int j)
    {
        return i + j;
    }
}
}
```

图 7-1　添加 Web 服务

7.1.2　部署与发布 Web 服务

IIS 是 Internet Information Services 的缩写，意为互联网信息服务，是由微软公司提供的基于运行 Microsoft Windows 的互联网基本服务。除了 Windows 家用版，Windows 系统一般都作为默认组件随操作系统直接安装。IIS 意味着能发布网页，并且有 ASP（Active Server Pages）、Java、VBscript 产生页面，有一些扩展功能。IIS 支持 .NET 环境下开发的 Web 服务在其 Web 服务器上直接部署和发布。

鼠标右键单击桌面上的"计算机"→选择"管理"，打开"计算机管理"对话框，左下角的"服务和应用程序"就可以看到"Internet 信息服务（IIS）管理器"（图7-2）。

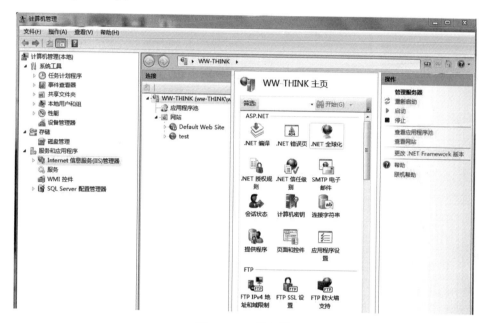

图 7-2　IIS 管理器

在 Visual Studio 当前项目的选项卡中选择"解决方案资源管理器"，鼠标右键单击 Web 服务程序 TestService. asmx，弹出菜单中选择"在浏览器中查看"（图7-3）。浏览器中出现图7-3则说明该 Web 服务创建成功，可以看到此 Web 服务有两个 Web 服务方法：Add 和 HelloWorld，对应着 TestService. asmx 的程序代码。浏览器中端口号 1355 表示 Visual Studio 进行 Web 服务调试时的端口号码。

7.1.3　调用 Web 服务

Web 服务的使用者一定是另一个应用程序。Web 服务的调用一般分为程序中显示调用和 GUI 中的隐式调用两种。下面分别讨论。

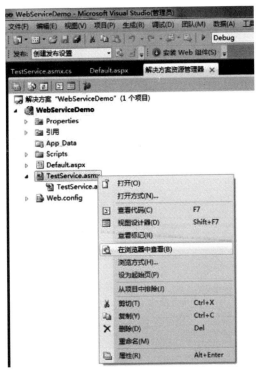

图 7-3　在浏览器中查看 Web 服务

1. 程序显示调用

（1）添加服务引用（可以添加一个新项目或在当前 WebServiceDemo 项目里做引用测试，这里简单期间直接在 WebServiceDemo 做引用测试），如图 7-4 所示。

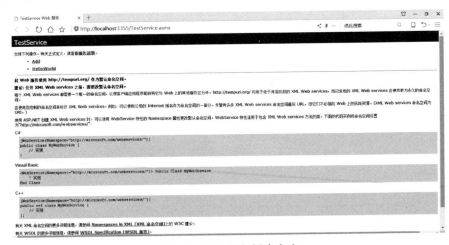

图 7-4　Web 服务创建成功

步骤如下：

① 右击 WebServiceDemo 项目里的引用，然后选择"添加服务引用"。

② 弹出框地址填写：http://localhost:1355/TestService.asmx。注意：端口号 1355 为调试时 Web 服务访问端口号码)

③ 命名空间改为"TestServiceReference"，然后单击"往前"按钮进行测试，如无问题 Web 服务名称及两个 Web 服务方法 Add 和 HelloWorld 会出现（图 7-5）。单击确定按钮完成服务引用。

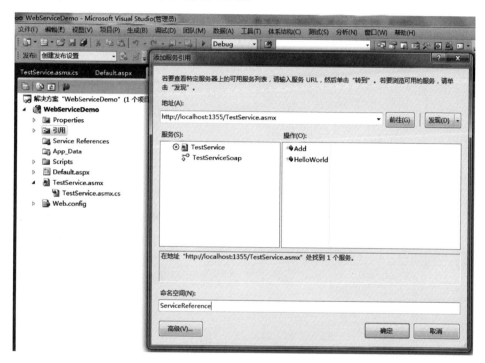

图 7-5　添加服务引用

（2）在后台 C#程序进行调用。

项目中新建一个 web.aspx 页面，在此 ASPX 文件的后台程序 web.aspx.cs 键入如下代码进行测试：

```
protected void Page_Load(object sender, EventArgs e)
{
        //Web 服务调用方法
ServiceReference.TestServiceSoapClient testService = new Ser-
viceReference.TestServiceSoapClient();
        int result = testService.Add(51, 15);
        string hellowWorld = testService.HelloWorld();
```

```
Page.Response.Write("整数加法方法执行结果:" + re-
sult.ToString() + "。HelloWorld方法执行结果:" + hel-
lowWorld);
    }
```

（3）选择 web.aspx 文件，鼠标右键选择"在浏览器中查看"，出现图 7-6 所示结果，则说明 Web 服务的创建和程序调用成功。

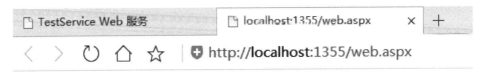

整数加法方法执行结果：66。 HelloWorld方法执行结果：Hello World

图 7-6　Web 服务方法调用成功

2. 隐式调用

以 Javascript（js）为例介绍调用方式。

（1）打开 TestService.asmx 文件，对代码进行修改，以适应 js 调用，代码如下。

```
using System;
using System.Collections.Generic;
using System.Linq;
using System.Web;
using System.Web.Services;
namespace WebService
{
    [WebService(Namespace = "http://tempuri.org/")]
    [WebServiceBinding(ConformsTo = WsiProfiles.BasicProfile1_1)]
    [System.ComponentModel.ToolboxItem(false)]
      //允许使用 ASP.NET AJAX 从脚本中调用此 Web 服务
    [System.Web.Script.Services.ScriptService]
      public class TestService : System.Web.Services.WebService
    {
        public string GetWeekName(int day)
        {
            string result;
            if (day > 6)
            {
```

```
                result = "输入格式有误";
            }
            else
            {
                DayOfWeek week = (DayOfWeek)day;
                result = week.ToString();
            }
            return result;
        }
    }
}
```

（2）前端页面代码（注意这里需要引入 jquery 文件，即诸如 < script　type
= "text/javascript"　src = "Scripts/jquery-1.4.1.min.js" > < /script > ）如下。

```
< script type = "text/javascript" >
    $ (function () {
        $.ajax({
            type: 'POST',
            url: 'TestService.asmx/GetWeekName',
            data: '{ day: 4}',
            dataType: 'json',
            contentType: "application/json",
            success: function (data) {
                alert(data.d);
            }
        });
    });
< /script >
```

（3）编译 Web 服务所在项目，然后在浏览器运行前端页面文件，结果如
图 7-7 所示，端口号根据实际情况确定。

图 7-7　隐式调用 Web 服务

7.2 基于 Java 的 Web 服务开发工具

Java 环境下的 Web 服务开发工具主要存在于 Eclipse 的相关插件中。

7.2.1 Eclipse 结合 Ant 进行 Web 服务开发

Ant 基本环境搭建如下。

（1）Java JDK 的安装：下载 Java JDK，按照默认选项进行安装即可，并配置好 Path 参数。

（2）Eclipse 的安装与配置。

1. 建立 Server 端工程和相关包与类

创建一个 Java 工程，命名为 wsServerHelloWorld，在这个项目下建立包：org. gnuhpc. wsServer，在这个包下建立类：SayHello。

在 SayHello. java 文件中输入以下代码：

```
package org. gnuhpc. wsServer;
import javax. jws. WebService;
@ WebService
public class SayHello {
    private static final String SALUTATION = "Hello";
    public String getGreeting(String name) {
        return SALUTATION + " " + name;
    }
}
```

其中注意到@ WebService，这个称作编译器注解（Annotation），告知编译器类 SayHello 按照 Web 服务处理。Java SE 6 中对于 Web 服务规范的升级以及 JAX-WS（Java API for XML Web Services）2.0 规范，这些升级使得 Web 服务的创建和调用变得更加容易。使用这些新功能，可以仅仅使用简单的注解从一个 Java 类创建 Web 服务。开发者将其类和方法之前用该注解指定，类告诉运行时引擎以 Web 服务的方式和操作使用该类和方法。这个注解可以产生一个可部署的 Web 服务，是一个 WSDL 映射注解，将 Java 源代码与代表 Web 服务的 WSDL 元素连接在了一起。

2. 使用 Ant 产生 Server 端代码：

首先在项目中新建一个 Ant 的构建文件：build. xml，然后使用OpenWith— > AntEditor 打开，输入以下脚本代码：

（1） < projectdefault = " wsgen" >

（2）　< targetname = " wsgen " >

（3）　< execexecutable = " wsgen " >

（4）　< argline = " -cp . / bin -keep -s . / src -d . / bin

（5）　　org. gnuhpc. wsServer. SayHello" ／ >

（6）　</ exec >

（7）　</ target >

（8）　</ project >

Default 值指定了默认执行的目标为 wsgen，wsgen 可以创建一个能够使用 Web 服务的类，它生成所有用于 Web 服务发布的源代码文件和经过编译过的二进制类文件。它还生成 WSDL 和符合规范的该类对应的 Web 服务。

target 值为 wsgen，具体执行的命令的参数如下：

-cp 为类所在路径；

-keep 后产生的 java 文件；

-s 产生的源文件存放路径；

-d 产生的输出文件存放路径。

然后，使用 Ant Build 选项运行（图7-8）。

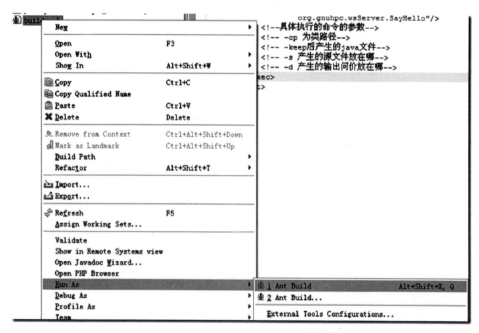

图 7-8　选择 Ant Build 选项运行

成功执行后，刷新一下项目。在项目的包浏览区可看到图 7-9 所示目录结构，新生成两个文件。

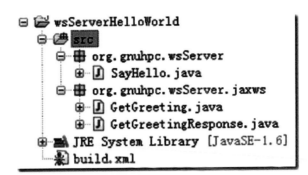

图 7-9 项目目录结构

3. 发布 Web 服务

org. gnuhpc. wsServer 下建立一个类 RunService:

```
package org.gnuhpc.wsServer;
import javax.xml.ws.Endpoint;
public class RunService {
    public static void main(String[] args) {
        System.out.println("SayHello Web Service started.");
        Endpoint.publish ("http://localhost:8080/wsServerExam-
        ple",
            new SayHello ());
    }
}
```

运行 Run As→Java Application。得到结果如图 7-10 所示，说明这个 Web 服务的 Server 端已经启动。

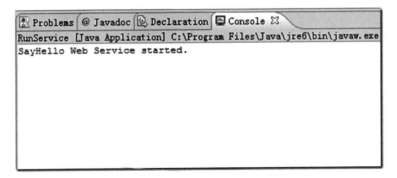

图 7-10 结果图

4. 查看 Web 服务的 WSDL 文档

选择 Window→Show View→Other→General→Internal Web Browser，在其中

输入：http://localhost:8080/wsServerExample? wsdl，可以看到 Web 服务 Say-Hello 的 WSDL 文档信息。

可以使用 Eclipse Web Services Explorer 监测 Server，选择 Window→Open Perspective→Other→JavaEE，打开 Eclipse Web Services Explorer，单击右上角的 WSDL Page 按钮。

单击 WSDL Main，在 URL 中输入 http://localhost:8080/wsServerExample? wsdl ，按 Go 按钮后，出现图 7-11 所示页面。

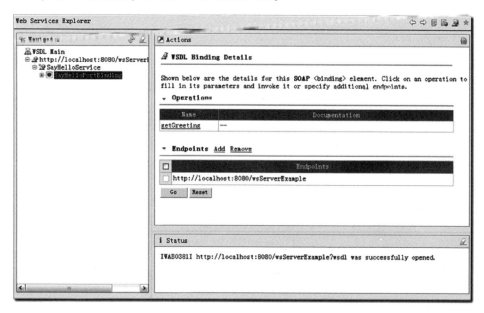

图 7-11　WSDL 页面

在 WSDL 页面中可以触发一个 Web 服务操作。点击 getGreetings，添加一个参数，比如 hainnu，然后点击 Go 按钮。页面下面的状态区会显示 Web 服务方法执行结果。

5. 创建 Client 端 工程和相关包与类

新建一个 Java 项目，命名为 wsClientHelloWorld，在这个项目下建立包：org. gnuhpc. wsClient。使用 Ant 产生客户端代码框架。

编写 Web 服务时，可以使用工具来利用 WSDL 生成进行调用的客户端桩，即自顶向下的 Web 服务开发模式；或者也可以使用底层 API 来手动编写 Web 服务，即自底向上的 Web 服务开发模式。前者方便，后者灵活，下面通过前者方法介绍利用已有的 WSDL 生成进行调用的客户端桩。

新建文件 build. xml，选择 New→File→build. xml。

（1）　< projectdefault = "　wsimport"　>

（2）　< target name = "　wsimport"　>

（3）　< exec executable = "　wsimport"　>

（4）　< argline = "　-keep -s . /src -p org. gnuhpc. wsClient

（5）　　-d. /bin http：//localhost：8080/wsServerExample？wsdl" / >

（6）　</exec >

（7）　</target >

（8）　</project >

wsgen 支持从 Java 类创建 Web 服务，wsimport 支持从 WSDL 创建 Web 服务，分别对应于 JAX-RPC 方式下的 Java2WSDL 程序和 WSDL2Java 程序。要根据发布 Web 服务生成的 WSDL 进行创建，所以要先运行 RunServer。

运行 Server 的 RunService：选择 Run As—> Java Application。

运行 Ant 脚本文件 build. xml，产生 Client 代码：Run As—> Ant Build。

运行成功后生成的代码目录结构如图 7-12 所示。

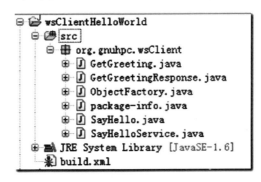

图 7-12　客户端项目目录结构

读取 WSDL 并生成客户端桩，这些桩是为调用程序所用的 Java 类和接口，给服务器端 Web 服务功能提供了一个客户端接口。例如，服务器提供一个 Maths 服务，有一个 add 的方法。客户端代码将调用桩上的一个方法，而桩实现将对该方法使用参数封装，把 Java 方法调用变为 Web 服务请求，请求基于 HTTP 发送给服务器，使用 SOAP 作为 RPC 协议。监听服务器接收该 SOAP 消息，将其转换为服务器处的一次 Web 服务方法 add 的调用。

6. 编写客户端代码。

创建一个类：SayHelloClient，其中主函数代码如下。

```
public static void main(String[] args) {
    SayHelloService shs = new SayHelloService();
    SayHello sh = (SayHello) shs.getSayHelloPort();
```

```
((BindingProvider) sh).getRequestContext().put(
        BindingProvider.ENDPOINT_ADDRESS_PROPERTY,
        "http://localhost:8080/wsServerExample");
System.out.println(((BindingProvider) sh).toString());
String userName = null;
boolean exit = false;
while (!exit) {
    System.out.print("/n Please enter yourname (type 'qu-it
    ' to exit): ");
    BufferedReader br = new BufferedReader(new InputStre-
    amReader(
        System.in));
    try {
        userName = br.readLine();
    } catch (IOException e) {
        System.out.println("Errorreadingname.");
        System.exit(1);
    }
    if (!(exit = userName.trim().equalsIgnoreCase("qu-
    it")
        userName.trim().equalsIgnoreCase("exi-t"))) {
        System.out.println(sh.getGreeting(userName));
    }
}
System.out.println("/nThank you for running the client.");
}
```

运行 SayHelloClient 时，它创建了一个新的 Service—SayHelloService，这是通过 Ant 脚本调用 wsimport 产生的一个 proxy，用来调用目标服务端点的操作。然后 Client 得到请求上下文，添加端点地址 http://localhost:8080/wsServerExample，在这里处理请求消息。

右键 SayHelloClient.java，选择 Run As—>Java Application 运行客户端程序调用 Web 服务方法。

可以使用脚本完成对 Server 和 Client 的统一调用。在 Client 中建立 Ant 的构建文件 buildall.xml。

在这个构建文件中，可以默认 target 为 runClient，但是在运行 runClient 之前还有一个依赖：pause，意味着 runClient 之前一定要运行 pause，而 pause 的依赖是 runServer，那么运行顺序就是：runServer 先运行，pause 再运行，最后

runClient 运行。

另一个需要注意的是 os 值：只有当前系统与指定的 OS 匹配时才会被执行。

7.2.2 基于 JAX-WS 工具的 Web 服务开发

JAX-WS 全称是 Java API for XML-Based Web Services，是实现基于 SOAP 协议的 Web 服务提供的 API，即 SOAP Web 服务开发工具包。MyEclipse 企业级工作平台（MyEclipse Enterprise Workbench，简称 MyEclipse）是对开源自由软件工具 Eclipse 的扩展，是收费的商业软件，面向企业级应用开发提前集成了很多插件便利企业级 Web 应用开发。

（1）打开 MyEclipse，新建一个 Web 服务项目（图 7-13），输入项目名 Demo。

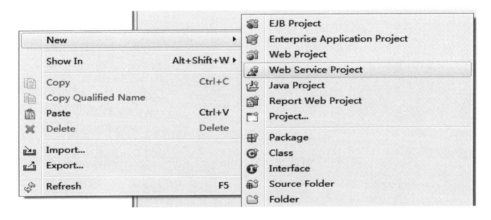

图 7-13 新建 Web 服务项目

在此项目中新建一个 java 类。代码如下：

```
Package server;
public
class Demo {
  public String sayHello (String name) {
  return name + ", hello!";
  }
}
```

选中项目目录的 src 文件夹，鼠标右键选择 New—>Other。

在 Web Services 列表下选择 Web 服务（图 7-14）。

图 7-14 选择 Web 服务向导

单击 Next，选择 Create web service from Java class（即自底向上的 Web 服务开发模式）（图 7-15）。

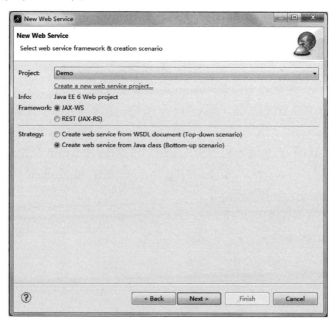

图 7-15 选择 Create web service from Java class

单击 Next，选择刚才输入的类。

（2）项目中添加 JAX-WS 类库（图 7-16）。

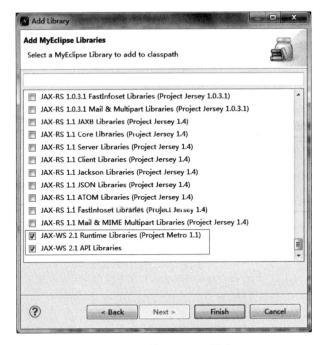

图 7-16　添加 JAX-WS 类库

注：如果不加这两个类库，Web 服务器 Tomcat 启动时会报错误。

然后将项目发布到 Tomcat，启动 Tomcat，访问 http://127.0.0.1:8080/Demo/DemoPort，浏览器中可看到 Web 服务发布信息。

（3）制作 Web 服务的客户端。打开向导，在图 7-14 中选择 Web Service Client。

选择要访问的 Web 服务的 WSDL URL，例如输入 http://127.0.0.1:8080/Demo/DemoPort？wsdl，Java package 中输入客户端的包名 client。自动创建的 client 目录结构如图 7-17 所示。

（4）生成客户端调用代码。

```
package test;
import client.DemoDelegate;
import client.DemoService;
public class Test {
  public static void main(String[] args) {
    DemoService server = new DemoService();
    DemoDelegate dd = server.getDemoPort();
    String result = dd.sayHello("Lions");
```

```
System.out.println(result);
    }
}
```

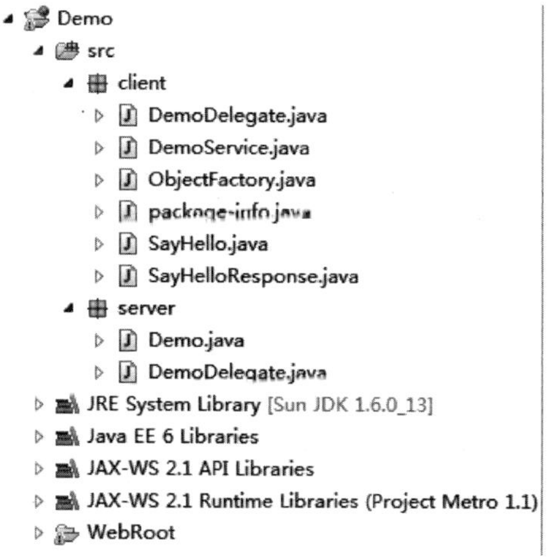

图 7-17　自动创建的 client 目录结构

运行客户端调用代码 Test，图 7-18 所示的运行结果说明 Web 服务 sayHello 调用成功。

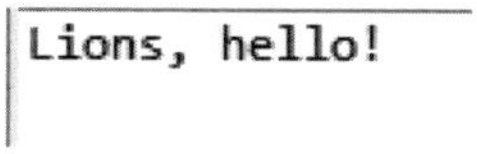

图 7-18　客户端调用 Web 服务

7.3　IBM SCA/SDO 的 Web 服务开发工具

除了 Web 服务之外，还有很多合理的实现 SOA 的技术手段。SOA 目前的应用范围更多地集中在企业用户，而 IBM SCA 和 SDO 是企业应用场景中最有分量的两种技术。

7.3.1　SCA 与 Web 服务

服务构件体系结构（Service Component Architecture，SCA）是一组规范，提供了一套可构建基于面向服务的应用系统的编程模型。

基本思想如下：

（1）业务功能是由一系列服务组成的，这些服务装配在一起就构成了能满足一定商业需求的解决方案，通过统一的接口，提供调用不同服务类型的功能，支持不同的通信协议，整合异构系统；

（2）这些服务既包含专门为该应用创建的新服务，也包含来自既有系统和应用的可重用业务功能。

SCA 是对目前组件编程的进一步升华，其目标是让服务组件能自由绑定各种传输协议，集成其他的组件与服务。SCA 组件通过服务接口公开其功能，而在 SCA 内部，同样采用服务接口来使用其他组件提供的功能 SCA 强调将服务实现和服务组装，即服务的实现细节和服务的调用访问分离开。

使用 SCA 构建面向服务的应用程序步骤如下：

（1）构件的实现，提供服务，并且使用其他服务；

（2）为了构建业务应用程序对组件集进行的组装，通过将服务引用连接到服务来完成。

从这个角度来理解，SCA 的编程模型更贴近于企业应用系统的集成层面，而一般不具有具体逻辑的实现。

SCA 与传统业务构件（包括 Web 服务）的最大区别在于 SCA 实现了以下两个功能：

（1）一是组件和传输协议的分离；

（2）二是接口和实现语言的分离。

SCA 相关标准由 BEA、IBM、Oracle、SAP 等多家公司联合参与制定，SCA 作为一种服务整合技术，其出现是 IT 技术发展的必然结果。

Web 服务应用的领域是基于互联网的分布式计算，仍然存在如下没有解决的问题：

（1）什么是服务的数据表现形式？不同服务如何交换数据？

（2）如何高效简洁地表示一个数据实体及其相关的操作？

（3）如何转换和映射不同的数据实体？

（4）如何实现在不同层面的数据传输？

（5）如何将后端数据源映射为应用中的数据实体，进而屏蔽异构的数据源细节？

（6）如何无缝支持 XML？

（7）如何构建 Web 服务，以及如何构建其他类型的服务？

（8）如何构建一个统一调用模型，统一调用 Web 服务和其他类型的服务？

服务数据对象（Service Data Object，SDO）期望达到诸如 XML、JSON 一样提供访问不同种类数据的公共方法和数据模型。开发人员可以使用 SDO 统一数据访问和处理模式，即使这些数据来源于异构数据源（Relational Database、XML 数据、Web 服务、企业信息系统……）。

图 7-19 所示，SCA 结构主要包括：

（1）服务构件（Service component）。

运行在 SCA 的运行时环境中，代表一个服务的物理存在。

（2）服务接口（Service interface）。

服务接口由 Java Interface 或者 WSDL 描述；

服务操作参数由 Java 类、XML schema 或者 SDO 定义；

鼓励使用 XML schema 或 SDO，更有利于消息传递。

（3）服务连接（Service wires）。

实现以组件组装的方式构建应用。

（4）服务引用（Service reference）。

在 SOA 应用中，SCA 组件与非 SCA 的客户端口可以使用其他的 SCA 组件，但是并不是直接调用，而是采用 Service reference 来声明一个引用，程序调用的是这个引用。

（5）服务执行（Service implementation）。

服务的实现有多种方式，包括 Java、BPEL、Business Rule 等。

Business Rule 通过预先定义 Rules Templates，通过定义 if/then 规则表的机制来切换业务规则。WPS 中提供了 Business Rule 管理平台，可以在运行时由业务人员改变业务规则，不需要重启服务器就可以变动业务流程。

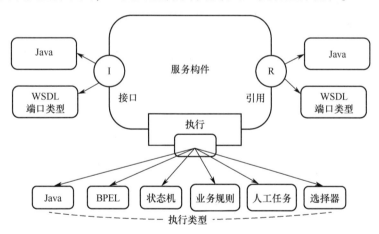

图 7-19　SCA 结构

IBM 产品对 SCA 支持体现在以下两个方面：

（1）开发环境（WebSphere Integration Developer，WID）；

（2）运行平台（WebSphere Process Server，WPS）。

SDO 是 IBM 与 BEA 等公司联合制定的规范，并且在 IBM 系列产品中得到了广泛地使用，包括 WebSphere Appliccation Server 和 Rational Studio 工具。

由此可知，SCA 对异构软件世界的抱负比 Web 服务大得多，既不局限于传输协议也不局限于编程语言，期望能一统江湖。Web 服务仅是 SCA 的子集，Web 服务无法离开 HTTP，但目前 Internet 的本质就是 HTTP。虽然 Web 服务整体功能没有 SCA 强大，但合适的就是最好的，Web 服务物尽其用，在互联网时代应用比 SCA 更成功。

7.3.2 基于 SCA/SDO 工具的 Web 服务开发

Tuscany 是 SCA/SDO 的开源 Java 实现（SOA 中间件），支持 IBM SCA/SDO 的开源中间件产品，实现了标准的 SCA 规范。

Apache 网站可以下载最新的 Tuscany 版本。Apache Tuscany 提供一个面向服务的核心架构，以支持简单快速地开发和运行面向服务的应用程序。其轻巧的运行环境为嵌入或加载到不同的平台而设计。Apache Tuscany 实现服务组件架构（SCA）标准，后者定义了一个简单的基于服务的模型，用于创建、组装和发布独立于编程语言的服务网络，包括现有或新开发的服务。

目前 Tuscany 社区正在开发 SCA 1.0 版本。Apache Tuscany 也同时实现服务数据对象（SDO）标准，后者提供统一的接口处理在服务网络内传递的不同格式的数据（包括 XML 文档），并可追踪数据变化。目前 Tuscany 支持 SDO 2.1 版本。SCA 和 SDO 技术相互独立，也可协同使用，以更好地支持 SOA。Tuscany 同时提供 Java 和 C＋＋的实现。

下载后推荐将 Tuscany 的 jar 包做成"User Library"，然后在 IDE 环境 Eclipse 或 MyEclipse 中导入项目（图 7-20）。

1. SCA 应用开发案例：计算器

开发步骤如下：

（1）创建 SCA 构件对应的 Java POJO 类；

（2）将开发的 POJO 类通过配置作为 SCA 域组合构件中的构件，以 Web 服务方式对外发布；

（3）启动 Web 服务和调用 Web 服务；

（4）修改服务的配置使用不同的绑定，再调试程序，观察运行的情况。

图 7-21 所示为计算器项目的目录结构。项目 Calculator 有两个包：Client 和 Server，Server 包已经创建了加、减、乘、除对应的 4 个 Java POJO 类，即类的每个属性都有 set 和 get 标准方法。Calculator. java 根据其中的编译注解@Reference 建立了和配置文件 Calculator. composite 的联系（图 7-22），运行时不用使用 new，就可以实例化对应类的对象。配置文件 Calculator. composite 中在 ＜component＞ 标签里明确了加减乘除分别对应的 4 个类为：server 包下面的 Add. java 类、Subtract. java 类、Multiply. java 类、Divide. java 类。

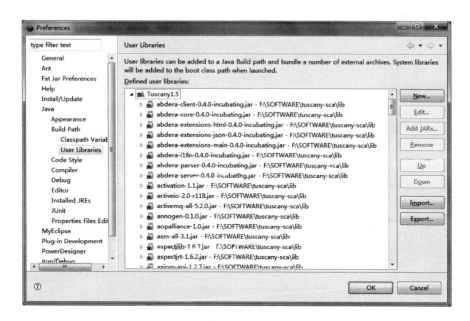

图 7-20　项目中导入 Tuscany 的 jar 包

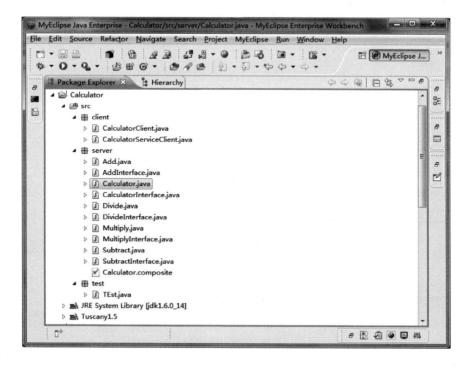

图 7-21　计算器项目的目录结构

图 7-22　Calculator 程序中的编译注解

图 7-23 所示通过配置文件 Calculator. composite 的编辑，轻松化解了 Web 服务开发的复杂性，类似于 Spring 框架的控制反转（Inversion of Control，IOC）。控制反转不是什么技术，而是一种设计思想。在 Java 开发中，意味着将设计好的对象交给配置文件进行控制，而不是传统的在内部通过 new 去直接控制，体现了松耦合的架构思维。

图 7-24 所示为在 client 包里编写客户端程序 CalculatorServiceClient. java。运行客户端得到结果。

2. 将上面的项目绑定为 RMI 服务与引用 RMI 服务：

（1）同样的构件，在 Tuscany 中通过修改配置文件就能以其他构件的形式对外发布，而无须重构程序代码，优势——协议解耦。

（2）将计算器服务绑定为 RMI。

需要修改 Calculator. composite 配置文件。

```
<component name = "CalculatorServiceComponent" >
<implementation. java class = "server. Calculator"/ >
<service name = "Calculator" >
    <interface. java interface = "server. CalculatorInterface"/ >
  <tuscany:binding. rmi host = "localhost" port = "8011" service-
```

```
Name = "CalculatorRMIService" / >
</service >
```

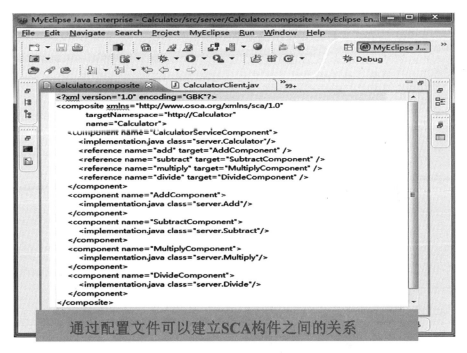

图 7-23 项目的配置文件 Calculator. composite

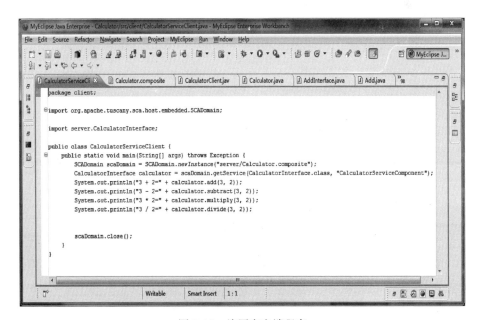

图 7-24 编写客户端程序

3. SCA Web 服务应用的开发

（1）开发 Java POJO 类；

（2）编写配置文件；

（3）编写启动服务端和客户端程序。

图 7-25 所示为 Web 服务项目的目录结构，server 包里有一个 Hello.java 类，对应的配置文件为 Hello.composite（图 7-26）。Hello.composite 配置文件和图 7-23 的 Calculator.composite 相比，多了一个＜service＞标签，标签：

```
<service name = "Hello" promote-"HelloServiceComponent">
    <binding.ws  uri = "http://localhost:8033/Hello">
</service>
```

中 binding.ws 说明将 Hello.java 类对外发布为 Web 服务，发布 URL 地址为 http://localhost:8033/Hello。

图 7-25　Web 服务项目的目录结构

图 7-27 所示为 Web 服务启动程序 StartWebService.java，图 7-28 所示为客户端程序 HelloTuscanyClient.java，目的是调用发布的 Web 服务 http://localhost:8033/Hello。

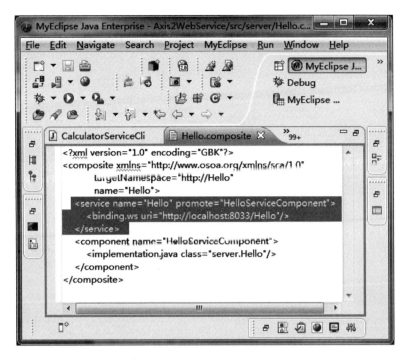

图 7-26　Hello. composite 配置文件将 Hello 类发布为 Web 服务

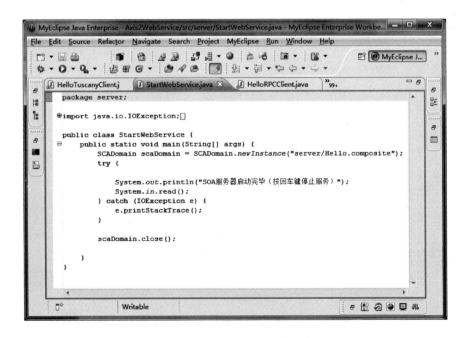

图 7-27　为 Web 服务启动程序

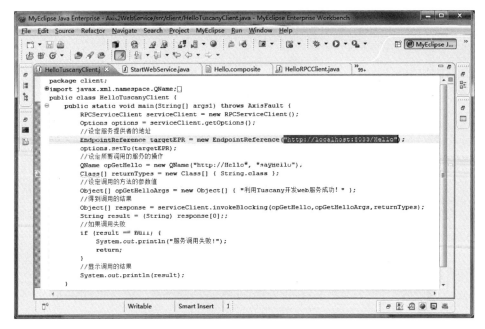

图 7-28　客户端程序调用 Web 服务

练习题

一、思考题

1. 什么是软件工具？软件工具在软件开发中的作用如何？Web 服务开发需要哪些软件工具？

2. NET 环境下的 Web 服务开发工具主要功能如何？

3. 简单陈述基于 Java 的 Web 服务开发工具的主要功能。

4. IBM SCA/SDO 与 Web 服务开发有什么联系？

5. SCA 和 SDO 分别是什么？

6. Tuscany 是 SCA/SDO 的开源 Java 实现，利用 Tuscany 进行 Web 服务开发的主要步骤如何？

二、应用题

分别比较 .NET 环境下的 Web 服务开发工具、基于 Java 的 Web 服务开发工具以及 IBM SCA/SDO 的 Web 服务开发工具的异同点。

第 8 章

SOA 应用开发案例

本章学习目标：

通过本章的几个 SOA 典型案例的学习，了解 Web 服务开发的一般方法和步骤，掌握信息查询类和计算类 Web 服务开发，学会对现存系统功能进行 Web 服务化，进而深入理解 Web 服务开发技术在软件开发中的重要作用。

本章要点：

- 信息查询类 Web 服务应用的开发；
- 计算类 Web 服务应用的开发；
- 管理信息系统的 Web 服务应用开发。

在前面系统学习 Web 服务相关技术和训练的基础上，本章通过几个典型案例分别讲解了如何在相关平台下分析、设计开发 Web 服务应用。

8.1　学生信息查询

类似于常用的网上便民查询服务，本节案例是基于 Web 服务的学生信息查询，主要完成自定义 Web 服务，并将其发布，然后编写客户端，调用该 Web 服务。所用开发平台为：Windows 7 旗舰版 + Eclipse（JDK 8.0）。

查询系统需要编写相应的服务器端和客户端，要实现的功能是在客户端窗体输入学号，然后通过调用 Web 服务来返回学号对应的学生的姓名。实现服务发布的方式有很多种，例如用 Axis2 来实现。其实，JDK 本身就提供了 Web 服务发布的方法，就是 jax-ws。具体实现的过程如下。

8.1.1　服务器端 Web 服务的部署

（1）在 Eclipse 中新建 Java Project，项目名称为：webServervices_ student_ server。在该项下新建包 com. webservice. server。

（2）在包中新建一个接口 StudentInterface，在接口中声明一个查询的方法

studentQuery（int number）。

（3）新建 StudentInterface 接口的实现类 StudentInterfaceImp，在类中实现 StudentInterface 接口中的查询方法 studentQuery（int number）。Main 方法中的 Endpoint. publish（"http://127. 0. 0. 1:54321/student"，new StudentInterfaceImp（））方法是发布服务，其中 http://127. 0. 0. 1:54321/student 是在本地自定义的 URL，54321 是其服务进程的端口号。

（4）运行该程序，会看到图 8-1 所示的提示信息，说明该服务已经启动。

```
Problems  @ Javadoc  Declaration  Console  Debug

StudentInterfaceImp [Java Application] G:\JDK\jre8\bin\javaw.exe (2015年5月28日 下午8:14:46)
发布成功...
```

图 8-1　提示信息

（5）接下来要做的就是要生成 WSDL 文件。在浏览器地址栏中输入 http://127. 0. 0. 1:54321/student？wsdl，回车后会看到图 8-2 所示界面，说明已经将 Web 服务发布成功。

```xml
<?xml version="1.0" encoding="UTF-8"?>
<!-- Published by JAX-WS RI (http://jax-ws.java.net). RI's version is JAX-WS RI 2.2.9-b130926.1035 svn-revision#5f6196f2b90e9460065a4c2f4e30e065b245e51e. -->
<!-- Generated by JAX-WS RI (http://jax-ws.java.net). RI's version is JAX-WS RI 2.2.9-b130926.1035 svn-revision#5f6196f2b90e9460065a4c2f4e30e065b245e51e. -->
<definitions xmlns="http://schemas.xmlsoap.org/wsdl/" name="StudentInterfaceImpService" targetNamespace="http://server.webservice.com/"
  xmlns:xsd="http://www.w3.org/2001/XMLSchema" xmlns:tns="http://server.webservice.com/" xmlns:soap="http://schemas.xmlsoap.org/wsdl/soap/"
  xmlns:wsam="http://www.w3.org/2007/05/addressing/metadata" xmlns:wsp1_2="http://schemas.xmlsoap.org/ws/2004/09/policy"
  xmlns:wsp="http://www.w3.org/ns/ws-policy" xmlns:wsu="http://docs.oasis-open.org/wss/2004/01/oasis-200401-wss-wssecurity-utility-1.0.xsd">
  <types>
    <xsd:schema>
      <xsd:import schemaLocation="http://127.0.0.1:54321/student?xsd=1" namespace="http://server.webservice.com/"/>
    </xsd:schema>
  </types>
  <message name="studentQuery">
    <part name="parameters" element="tns:studentQuery"/>
  </message>
  <message name="studentQueryResponse">
    <part name="parameters" element="tns:studentQueryResponse"/>
  </message>
  <portType name="StudentInterfaceImp">
    <operation name="studentQuery">
      <input message="tns:studentQuery" wsam:Action="http://server.webservice.com/StudentInterfaceImp/studentQueryRequest"/>
      <output message="tns:studentQueryResponse" wsam:Action="http://server.webservice.com/StudentInterfaceImp/studentQueryResponse"/>
    </operation>
  </portType>
  <binding type="tns:StudentInterfaceImp" name="StudentInterfaceImpPortBinding">
    <soap:binding style="document" transport="http://schemas.xmlsoap.org/soap/http"/>
    <operation name="studentQuery">
      <soap:operation soapAction=""/>
      <input>
        <soap:body use="literal"/>
      </input>
      <output>
        <soap:body use="literal"/>
      </output>
    </operation>
  </binding>
  <service name="StudentInterfaceImpService">
    <port name="StudentInterfaceImpPort" binding="tns:StudentInterfaceImpPortBinding">
      <soap:address location="http://127.0.0.1:54321/student"/>
    </port>
  </service>
</definitions>
```

图 8-2　部署成功 Web 服务的 WSDL

8.1.2　客户端调用程序

为了模拟远程调用，新建 Java Project，项目名称为 webServervices_ student_ client。在该项下新建包 com. webservice. client。由于采用的是 jax-ws，所以在客户端还需要用到按照上述的 WSDL 规格约束编译的 . java 文件。具体的实现如下：

（1）新建一个 java 项目 wsimport，该项目可以用来专门放置其他项目的编译文件。找到该项目的 src 的绝对目录 F：\Eclipse for javaee\wsipport\src。

（2）在 cmd 命令窗口运行 cd F：\Eclipse for javaee\wsipport\src，进入该目录下。

（3）接着输入命令：wsimport － s . http：//127. 0. 0. 1：54321/student？ wsdl。注意中间的空格，回车后，结果如图 8-3 所示。

图 8-3　命令行执行 wsimport

返回 wsimport 项目，刷新，会看到多出来一个包，这个包的名字和之前服务器端的包名一致。将该包原封不动复制到该客户端的 src 目录下。

新建 Client 窗体类，实现客户端的编程。整个客户端的项目结构如图 8-4 所示。

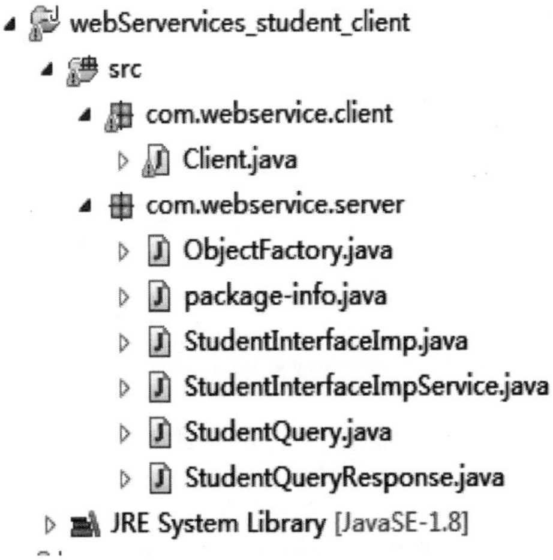

图 8-4　客户端的项目结构

运行效果如图 8-5 所示。

图 8-5　学生信息查询

查询系统开发中容易出现的问题如下：

（1）在发布服务地时候，未能成功地生成 WSDL 文件。分析原因主要有 URL 的端口没有设置好，或者服务端的程序编写有误。当服务开启后，也就是服务端程序成功执行后，再在浏览器的地址栏里输入 url + ？wsdl，会成功生成。

（2）在解析命令窗口解析 WSDL 的时候，不会生成 . java 文件，或者生成的 . java 文件所在的包名和原先的服务程序的包名不一致，说明解析有误，需要重新解析。在输入命令的时候，wsimport － s . http://127.0.0.1:54321？wsdl 中间的空格不能少。

8.2　计算服务

本案例通过多个计算服务组合应用来体现 Web 服务在软件开发中的作用。主要的计算服务包括：加法、减法、乘法、除法、大小写转化等，开发平台为 . NET 环境的 Visio Studio 2012 和 Java 下的 Eclipse。

8.2.1　. NET 环境的计算服务

第一步是编写 Web 服务并发布。

以管理员身份打开 Visio Studio 2012，新建 C # 项目，选择 "Web" 和 "ASP. NET 空 Web 应用程序"（图 8-6）。

在解决方案资源管理器中右键单击项目名称，选 "添加" → "新建项"，单击 "Web 服务" 图 8-7。

找到 Web 服务代码位置，添加自己的函数（图 8-6、图 8-7）。以下为主要添加的函数：

（1）string UserInfo（ ）：显示个人信息。

（2）int Add（int x，int y）：加法运算。

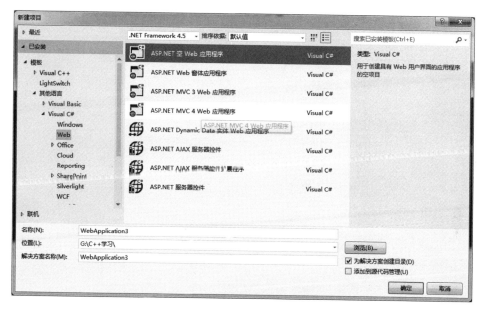

图 8-6　新建 ASP. NET 空 Web 应用程序

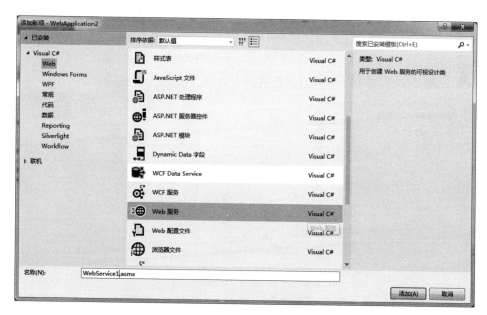

图 8-7　选择添加 Web 服务

（3）double CF（double x，double y）：乘法运算。

（4）string LowerToUpper（string in_str）：小写转大写。

（5）string UpperToLower（string in_str）：大写转小写。

图 8-8　添加的 Web 服务方法（函数）

注意：Web 服务的类 WebService1 需继承 System. Web. Services. webService，每个函数前面都有个［WebMethod］作为注解，C#编译器能识别此函数为 Web 服务对外可公开调用的函数。C#中 Web 服务程序的扩展名为 . asmx。

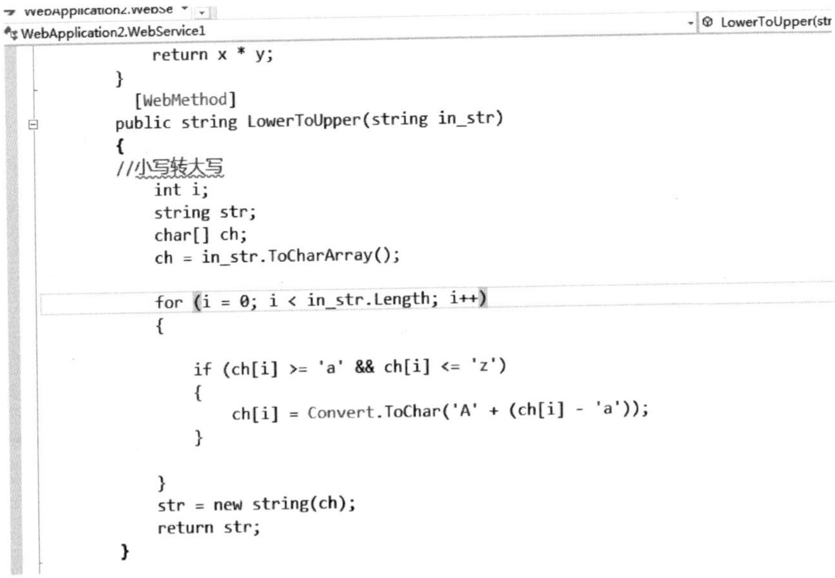

图 8-9　添加的"小写转大写"Web 服务方法（函数）

nt_ client。在该项下新建包 com. webservice. client。由于采用的是 jax-ws，所以在客户端还需要用到按照上述的 WSDL 规格约束编译的 . java 文件。具体的实现如下：

（1）新建一个 java 项目 wsimport，该项目可以用来专门放置其他项目的编译文件。找到该项目的 src 的绝对目录 F：\Eclipse for javaee\wsipport\src。

（2）在 cmd 命令窗口运行 cd F：\Eclipse for javaee\wsipport\src，进入该目录下。

（3）接着输入命令：wsimport － s . http：//127. 0. 0. 1：54321/student？wsdl。注意中间的空格，回车后，结果如图 8-3 所示。

图 8-3　命令行执行 wsimport

返回 wsimport 项目，刷新，会看到多出来一个包，这个包的名字和之前服务器端的包名一致。将该包原封不动复制到该客户端的 src 目录下。

新建 Client 窗体类，实现客户端的编程。整个客户端的项目结构如图 8-4 所示。

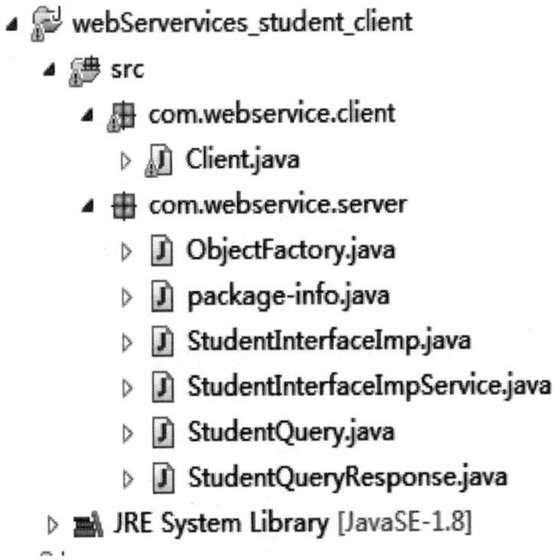

图 8-4　客户端的项目结构

运行效果如图 8-5 所示。

图 8-5　学生信息查询

查询系统开发中容易出现的问题如下：

（1）在发布服务地时候，未能成功地生成 WSDL 文件。分析原因主要有 URL 的端口没有设置好，或者服务端的程序编写有误。当服务开启后，也就是服务端程序成功执行后，再在浏览器的地址栏里输入 url + ？wsdl，会成功生成。

（2）在解析命令窗口解析 WSDL 的时候，不会生成 .java 文件，或者生成的 .java 文件所在的包名和原先的服务程序的包名不一致，说明解析有误，需要重新解析。在输入命令的时候，wsimport － s . http://127.0.0.1:54321？wsdl 中间的空格不能少。

8.2　计算服务

本案例通过多个计算服务组合应用来体现 Web 服务在软件开发中的作用。主要的计算服务包括：加法、减法、乘法、除法、大小写转化等，开发平台为 .NET 环境的 Visio Studio 2012 和 Java 下的 Eclipse。

8.2.1　.NET 环境的计算服务

第一步是编写 Web 服务并发布。

以管理员身份打开 Visio Studio 2012，新建 C#项目，选择"Web"和"ASP.NET 空 Web 应用程序"（图 8-6）。

在解决方案资源管理器中右键单击项目名称，选"添加"→"新建项"，单击"Web 服务"图 8-7。

找到 Web 服务代码位置，添加自己的函数（图 8-6、图 8-7）。以下为主要添加的函数：

（1）string UserInfo( )：显示个人信息。

（2）int Add(int x，int y)：加法运算。

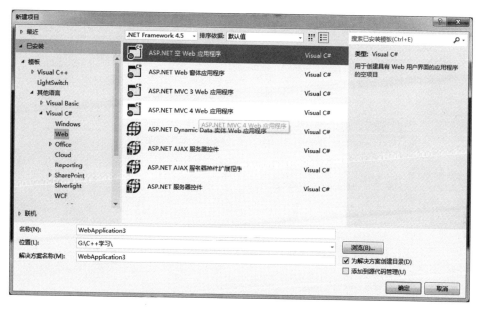

图 8-6 新建 ASP. NET 空 Web 应用程序

图 8-7 选择添加 Web 服务

（3）double CF(double x，double y)：乘法运算。

（4）string LowerToUpper(string in_str)：小写转大写。

（5）string UpperToLower(string in_str)：大写转小写。

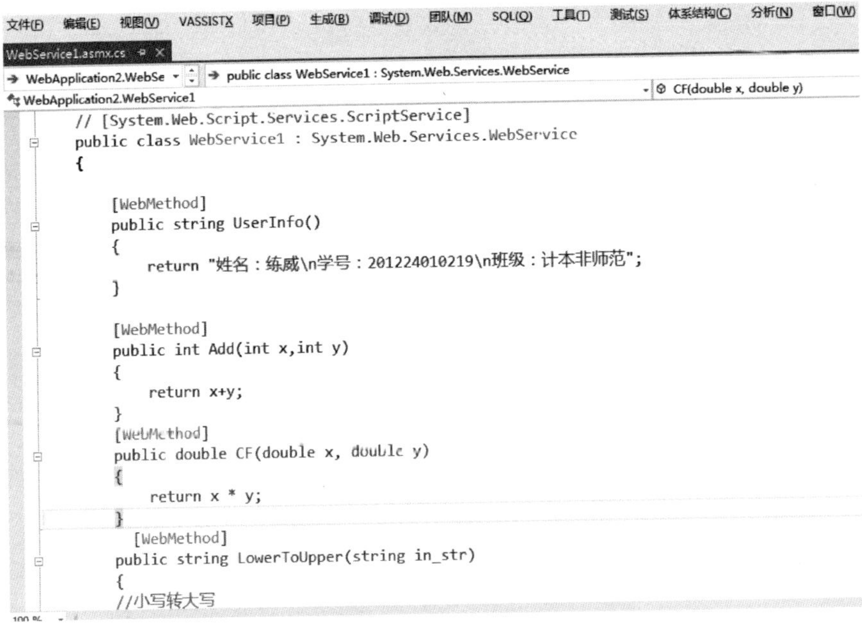

```
文件(F)  编辑(E)  视图(V)  VASSISTX  项目(P)  生成(B)  调试(D)  团队(M)  SQL(Q)  工具(T)  测试(S)  体系结构(C)  分析(N)  窗口(W)

WebService1.asmx.cs  ⊕ ×
→ WebApplication2.WebSe  ▾        → public class WebService1 : System.Web.Services.WebService                    ▾  ⚙ CF(double x, double y)
⬥ WebApplication2.WebService1

        // [System.Web.Script.Services.ScriptService]
        public class WebService1 : System.Web.Services.WebService
        {

            [WebMethod]
            public string UserInfo()
            {
                return "姓名：练威\n学号：201224010219\n班级：计本非师范";
            }

            [WebMethod]
            public int Add(int x,int y)
            {
                return x+y;
            }
            [WebMethod]
            public double CF(double x, double y)
            {
                return x * y;
            }

            [WebMethod]
            public string LowerToUpper(string in_str)
            {
            //小写转大写
100 %
```

图 8-8　添加的 Web 服务方法（函数）

注意：Web 服务的类 WebService1 需继承 System. Web. Services. webService，每个函数前面都有个［WebMethod］作为注解，C#编译器能识别此函数为 Web 服务对外可公开调用的函数。C#中 Web 服务程序的扩展名为 . asmx。

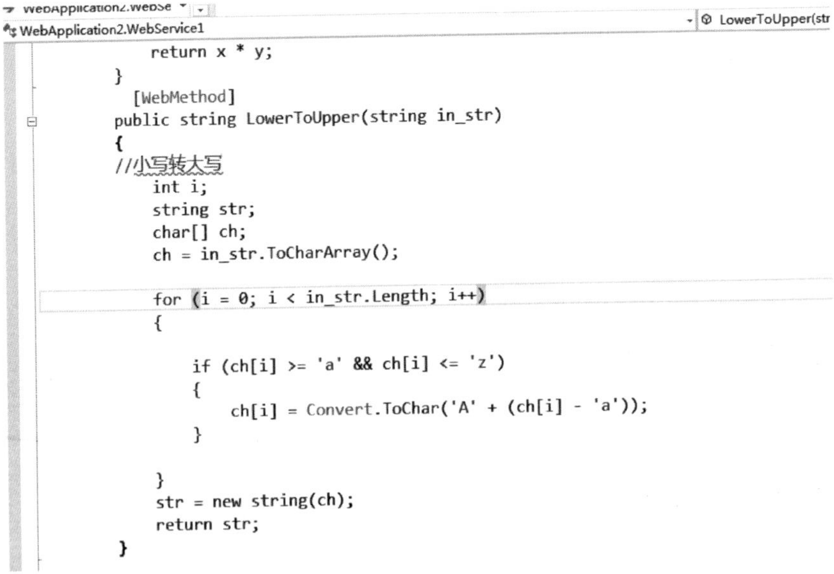

```
▾ WebApplication2.WebSe  ▾                                                              ▾  ⚙ LowerToUpper(str
⬥ WebApplication2.WebService1
                    return x * y;
                }
                [WebMethod]
                public string LowerToUpper(string in_str)
                {
                //小写转大写
                    int i;
                    string str;
                    char[] ch;
                    ch = in_str.ToCharArray();

                    for (i = 0; i < in_str.Length; i++)
                    {

                        if (ch[i] >= 'a' && ch[i] <= 'z')
                        {
                            ch[i] = Convert.ToChar('A' + (ch[i] - 'a'));
                        }

                    }
                    str = new string(ch);
                    return str;
                }
```

图 8-9　添加的 "小写转大写" Web 服务方法（函数）

所有函数写完后的解决方案结构如图8-10所示。

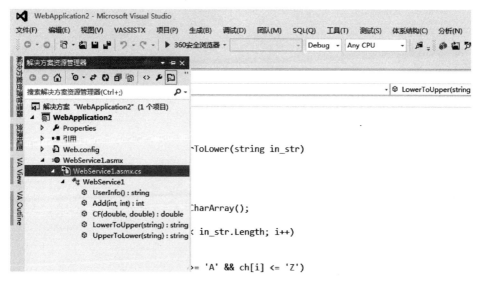

图8-10　项目的解决方案结构

第二步是 Web 服务的调用和组合应用。

开启服务后，运行浏览器，可以看到发布的 Web 服务 WebService1.asmx 里面有 5 个方法（图8-11），即上面添加的 Add、CF、LowerToUpper 等。

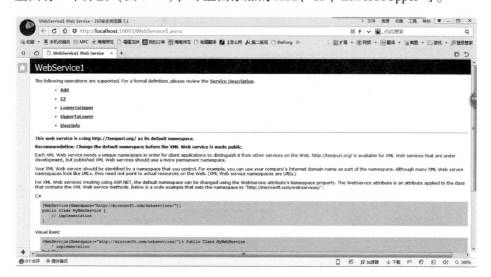

图8-11　发布的 Web 服务 WebService1

在 Visio studio2012 中新建 C# Windows 窗体应用程序，为该项目添加 Web 引用，输入地址：http://localhost:16093/WebService1.asmx（图8-12）。

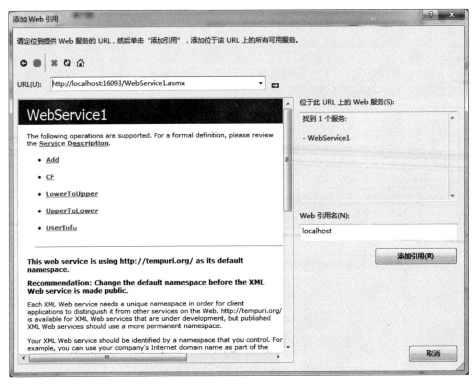

图 8-12　添加引用

双击 localhost，可在对象浏览器中列出可调用的 Web 服务的函数（操作）（图 8-13）。

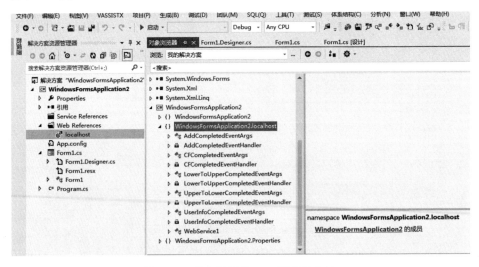

图 8-13　列出引用的 Web 服务的方法

利用界面设计工具，设计客户端程序界面的窗体结构，如图 8-14 所示。

图 8-14　客户端程序的界面设计

调用 Web 服务里的方法的客户端程序代码片段如图 8-15 所示。

编译无误后，客户端程序运行结果如图 8-16 所示。

8.2.2　Java 开发环境下的计算服务

开发一个计算器服务 CalculateService，这个服务包含加（Plus）、减（Minus）、乘（Multiply）、除（Divide）操作。

开发前的准备工作如下：

（1）安装 Eclipse 或 MyEclipse 开发工具。

（2）安装 SOAP 服务器。下载最新版本的 Axis2，网址 http://axis. apache. org/axis2/java/core/download. cgi，选择 Standard Binary Distribution 的 zip 包，解压缩得到的目录名 Axis2-1. 4. 1，目录内的文件结构如图 8-17 所示。

（3）开发环境配置。

在 Eclipse 的菜单栏中，选择 Window— > Preferences— > Web Service— > Axis2 Perferences。在 Axis2 runtime location 中选择 Axis2 解压缩包的位置，设置好后，单击"OK"即行（图 8-18）。

开发 Web 服务的过程如下。

（1）新建一个 Java Project，命名为"WebServiceTest1"；

```
        }
        //加法计算
        private void button2_Click(object sender, EventArgs e)
        {
            String A = textBox1.Text.ToString();
            String B = textBox2.Text.ToString();
            int a = System.Int32.Parse(A);//语句1
            int b = System.Int32.Parse(B);//语句1
            localhost.WebService1 ws = new localhost.WebService1();
            int sum= ws.Add(a, b);
            string varString = Convert.ToString(sum);
            label1.Text = varString;
        }


        //字母转大写
        private void button3_Click(object sender, EventArgs e)
        {
            localhost.WebService1 ws = new localhost.WebService1();
            String b = ws.LowerToUpper(richTextBox1.Text.ToString());
            label1.Text = b;
        }
        //字母转小写
        }
        //字母转小写
        private void button4_Click(object sender, EventArgs e)
        {
            localhost.WebService1 ws = new localhost.WebService1();
            String b = ws.UpperToLower(richTextBox1.Text.ToString());
            label1.Text = b;
        }
        //乘法计算
        }
        //乘法计算
        private void button5_Click(object sender, EventArgs e)
        {
            String A = textBox3.Text.ToString();
            String B = textBox4.Text.ToString();


            double a = Convert.ToDouble(A);
            double b = Convert.ToDouble(B);
            localhost.WebService1 ws = new localhost.WebService1();
            double sum = ws.CF(a, b);
            string varString = Convert.ToString(sum);
            label1.Text = varString;
        }
```

图 8-15　客户端程序代码片段

（2）新建一个 class，命名为"CalculateService"，示例代码如下：

```
package 包名;
/**
 *计算器运算
 *@ authorwww
 */
```

```
public class CalculateService {
    //加法
    public float plus (float x, float y) {
        return x + y;
    }
    //减法
    public float minus ( float x, float y) {
        return x - y;
    }
    //乘法
    public float multiply ( float x, float y) {
        return x * y;
    }
    //除法
    public float divide ( float x, float y) {
        if (y! =0)
        {
            return x / y;
        }
        else
            return -1;
    }
}
```

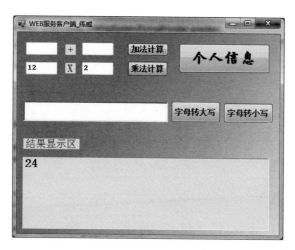

图8-16　客户端程序运行结果

（3）在"WebServiceTest1"项目上，new→other，找到"Web Services"

下面的"Web Service"选项（图8-19）；

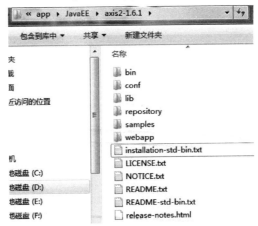

图8-17 SOAP服务器—Axis2-1.4.1的目录结构

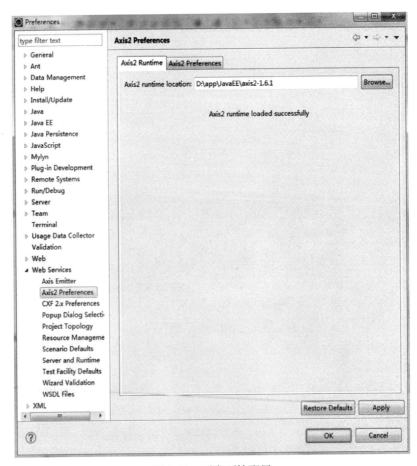

图8-18 开发环境配置

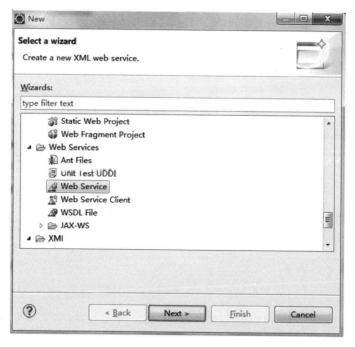

图 8-19　选择"Web Service"选项

下一步（Next）后，在出现的 Web Services 对象框，在 Service implementa-tion 中单击"Browse"，进入 Browse Classes 对象框，查找到刚才写的 Calcu-lateService 类（图 8-20）。单击"OK"，则回到 Web 服务对话框。

在 Web Service 对话框中，将 Web Service type 中的滑块调到"start serv-ice"的位置，将 Client type 中的滑块调到"Test client"的位置（图 8-21）。

在 Web Service type 滑块图的右边有个"Configuration"，单击它下面的选项，进入 Service　Deployment Configuration 对象框，在这里选择相应的 Server（这里用 Tomcat6.0）和 Web Service　runtime（选择 Apache Axis2），如图 8-22 所示。

单击"OK"后，则返回到 Web Service 对话框，同理，Client type 中的滑块右边也有"Configuration"，也要进行相应的设置，步骤同上。完成后，Next→next 即可进入 Axis2 Web Service Java Bean Configuration，选择 Generate a default services. xml，如图 8-23 所示。

（4）到了 Server startup 对话框，有个按键"start server"，单击它，则可启动 Tomcat 服务器。启动完成，单击"next—＞next"，一切默认即行，最后点击完成。如图 8-24 所示，出现 Web Service Explorer 界面，便可测试创建的 Web 服务。

测试在图 8-24 中进行，例如选择一个"plus"的方法（必须是 Calcu-lateServiceSoapBinding），在 x 的输入框中输入 1，在 y 的输入框中输入 2，单击

"go"，便会在 status 栏中显示结果 3.0。其他方法的测试也类似。

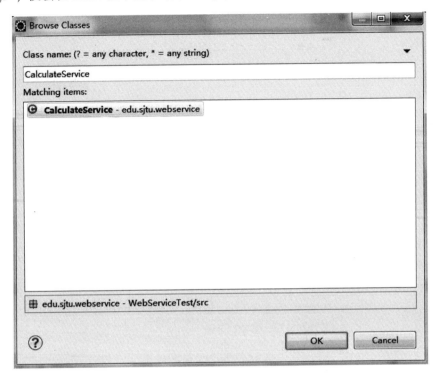

图 8-20　找到计算服务类

CalculateService 客户端调用程序如下。

前面已经定义好了加、减、乘、除的方法，并将这些方法发布为服务，那么现在要做的就是调用这些服务即可。客户端调用程序代码如下。

```
package 包名;

import javax. xml. namespace. QName;
import org. apache. axis2. AxisFault;
import org. apache. axis2. addressing. EndpointReference;
import org. apache. axis2. client. Options;
import org. apache. axis2. rpc. client. RPCServiceClient;

public class CalculateServiceTest {
    /**
     * @ param args
     * @ throws AxisFault
     */
```

```
public static void main (String [] args) throws AxisFault {
    // TODO Auto-generated method stub

    // 使用 RPC 方式调用 WebService
    RPCServiceClient serviceClient =new RPCServiceClient ();
    Options options = serviceClient.getOptions ();
    // 指定调用 WebService 的 URL
    EndpointReference targetEPR =new EndpointReference (
            "http: //localhost. 8080/WebServiceTest1/serv-
            ices/CalculateService");
    options.setTo (targetEPR);

    //指定要调用的计算机器中的方法及 WSDL 文件的命名空间：edu. sj-
    tu. webservice。
    QName opAddEntry =new QName (" http: //webservice. sjt-
    u. edu"," plus"); //加法
    QName opAddEntryminus =new QName (" http: //webservic-
    e. sjtu. edu"," minus"); //减法
    QName opAddEntrymultiply =new QName (" http: //webser-
    vice. sjtu. edu"," multiply"); //乘法
    QName opAddEntrydivide =new QName (" http: //webservi-
    ce. sjtu. edu"," divide"); //除法
    //指定 plus 方法的参数值为两个，分别是加数和被加数
    Object [] opAddEntryArgs =new Object [] { 1, 2 };
    // 指定 plus 方法返回值的数据类型的 Class 对象
    Class [] classes =new Class [] { float. class };
    // 调用 plus 方法并输出该方法的返回值
    System. out. println (serviceClient. invokeBlocking (op-
    AddEntry, opAddEntryArgs, classes) [0]);
    System. out. println (serviceClient. invokeBlocking (op-
    AddEntryminus, opAddEntryArgs, classes) [0]);
    System. out. println (serviceClient. invokeBlocking (op-
    AddEntrymultiply, opAddEntryArgs, classes) [0]);
    System. out. println (serviceClient. invokeBlocking (op-
    AddEntrydivide, opAddEntryArgs, classes) [0]);

    }

}
```

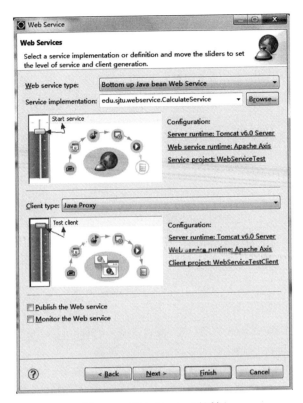

图 8-21 Web Service 对话框

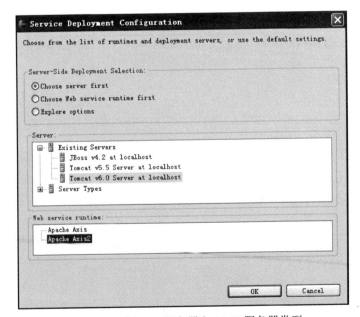

图 8-22 选择 Web 服务器和 SOAP 服务器类型

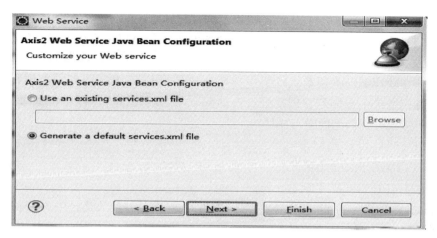

图 8-23　生成默认的配置文件

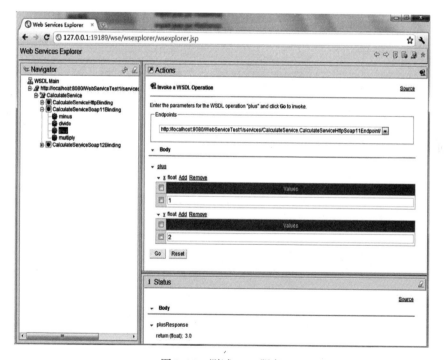

图 8-24　测试 Web 服务

运行结果如下。

1. 3. 0

2. － 1. 0

3. 2. 0

4. 0. 5

8.3 通过 Web 服务获取教务系统数据

快速获取学校教务系统的学习成绩可以采用基于 Web 服务的应用开发，通过模拟登录正方教务管理系统，自动获取学生成绩，方便同学们通过 Web 服务的方式查看自己的学习成绩。

开发环境如下：

（1）MyEclipse 6.0；

（2）JDK 1.7；

（3）从/axis.apache.org 下载 Axis 的相关 jar 包，并导入项目中。

通过 Web 服务方式获取教务系统数据的应用系统实现思路如下：

（1）通过火狐浏览器抓包获取登录教务管理系统时所需表单字段和请求头；

（2）模拟登录教务系统获取相关的 Cookie；

（3）使用获取到的 Cookie 访问成绩查询的 URL；

（4）将获取到的成绩数据信息经过处理后返回给调用者。

8.3.1 教务系统访问的表单分析

首先对访问教务系统的表单信息进行抓包分析。

（1）通过火狐浏览器对大学的教务在线管理系统进行抓包，获得"所需表单"的请求头（图8-25）。

图 8-25 访问教务系统的表单信息

（2）对抓获到的包进行分析，得到如下信息（登录完成后）：

表单提交 URL：http://210.37.0.27/default2.aspx。

提交方式：POST。

表单数据：

___ VIEWSTATE：未知，固定值

txtUserName：学号

TextBox2：密码

txtSecretCode：验证码

RadioButtonList1：登录者身份单选按钮，学生的值为：学生

Button1：登录按钮，固定值为空

lbLanguage：未知，固定值为空

hidPdrs：未知，固定值为空

hidsc：未知，固定值为空

（3）请求成绩的信息分析（图8-26）。

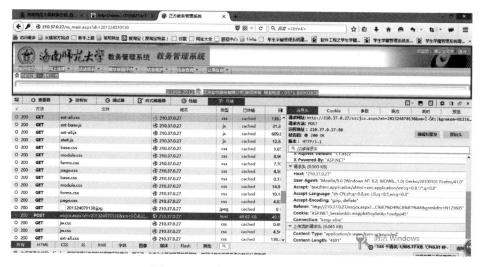

图8-26　查询成绩的相关信息分析

查询成绩后，对抓获到的包进行分析，得到如下信息。

表单提交 URL：http://210.37.0.27/xscjcx. aspx？xh = XXX&xm = XXX&gnmkdm = N121605

xh：学号

xm：姓名

提交方式：POST

请求头部：Cookie

表单数据为：

__EVENTTARGET：未知，固定值为空

__EVENTARGUMENT：未知，固定值为空

__VIEWSTATE：未知，固定值

lbLanguage：未知，固定值为空

ddlXN：学年

ddlXQ：　　学期

ddl_kcxz：课程性质

btn_xq：查询类型，值为：学期　或者　学年

抓包分析完成后，开始进行 Web 服务应用开发。项目功能实现的目录结构如图 8-27 所示。

图 8-27　Web 服务项目目录结构

其中，教务系统登录相关的类为 Jiaowu，对应程序 Jiaowu. java 部分代码如图 8-28 所示。

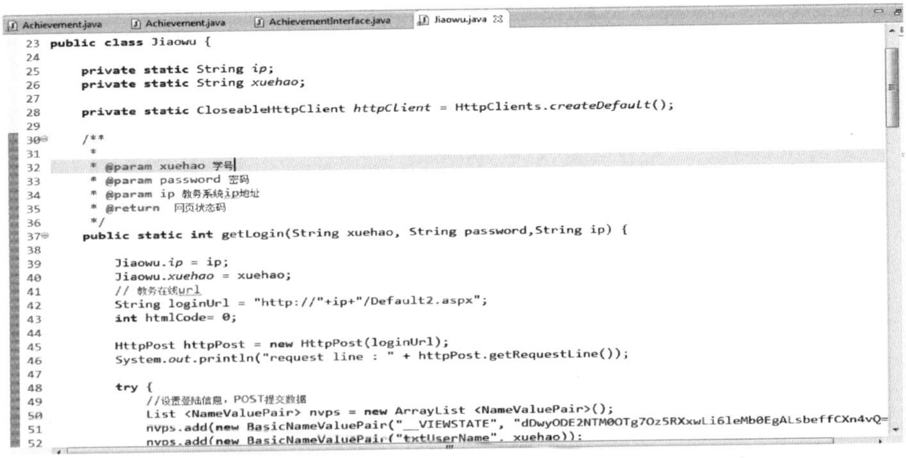

图 8-28　Jiaowu. java 部分代码

Web 服务的主要访问程序的接口 AchievementInterface，程序为 Achieve-mentInterface. java，部分代码如图 8-29 所示。

```
1  package org.zhanghuang.server;
2
3  import org.osoa.sca.annotations.Remotable;
4
5  @Remotable
6  public interface AchievementInterface {
7      /**
8       * 获取成绩
9       * @param xuehao      学号
10      * @param password    密码
11      * @param ip          教务系统ip地址
12      * @return    json形式返回成绩数据
13      */
14     public String getAchievement(String xuehao,String password,String ip);
15 }
16
```

图 8-29　部分代码

Web 服务的主类程序为 Achievement. java，其中实现了接口 Achievement-
tInterface，同时关联 Jiaowu 类（图 8-30）。

```
1  package org.zhanghuang.server;
2
3  import org.zhanghuang.server.achievement.Jiaowu;
5
6  public class Achievement implements AchievementInterface {
7      @Override
8      public String getAchievement(String xuehao, String password, String ip) {
9          String html = null;
10         String result = null;
11
12         //获取网页状态码
13         int htmlCode = Jiaowu.getLogin(xuehao, password, ip);
14         //若状态码为304，则网页已转发，登录成功
15         if (htmlCode == 304) {
16             html = Jiaowu.getResultsHtml(); //获取成绩页面html标签
17         }
18
19         result = Jiaowu.getResults(html);      //将html标签格式化
20
21         return JSON.toJSONString(result);      //将成绩数据以json格式返回
22     }
23 }
24
```

图 8-30　关联 Jiaowu 类

在 Axis 中启动部署 Web 服务的程序 StartWebService. java，部分代码如
图 8-31 所示。

```
1  package org.zhanghuang.server;
2
3  import java.io.IOException;
6
7  public class StartWebService {
8      public static void main(String[] args) {
9          SCADomain scaDomain =
10             SCADomain.newInstance("org/zhanghuang/server/list.composite");
11         try {
12
13             System.out.println("SOA服务器启动完毕（按回车键停止服务）");
14             System.in.read();
15         } catch (IOException e) {
16             e.printStackTrace();
17         }
18
19         scaDomain.close();
20
21     }
22 }
```

图 8-31　启动部署 Web 服务的程序 StartWebService. java

Web 服务部署的列表文件 list. composit，如图 8-32 所示。

```xml
<?xml version="1.0" encoding="GBK"?>
<composite xmlns="http://www.osoa.org/xmlns/sca/1.0"
            targetNamespace="http://FastAchievement"
            name="FastAchievement">
    <service name="FastAchievement" promote="FastAchievementServiceComponent">
        <binding.ws uri="http://localhost:8080/FastAchievement"/>
    </service>
    <component name="FastAchievementServiceComponent">
        <implementation.java class="org.zhanghuang.server.Achievement"/>
    </component>
</composite>
```

图 8-32　Web 服务部署的列表文件 list. composit

Web 服务部署配置文件 services. xml，如图 8-33 所示。

```xml
<serviceGroup>
<service name="FastAchievementService">
    <messageReceivers>
        <messageReceiver mep="http://www.w3.org/ns/wsdl/in-only"
            class="org.apache.axis2.rpc.receivers.RPCInOnlyMessageReceiver" />
        <messageReceiver mep="http://www.w3.org/ns/wsdl/in-out"
            class="org.apache.axis2.rpc.receivers.RPCMessageReceiver" />
    </messageReceivers>
    <parameter locked="false" name="ServiceClass">org.zhanghuang.server.Achievement</parameter>
</service>
</serviceGroup>
```

图 8-33　Web 服务部署配置文件 services. xml

8.3.2　Web 服务部署和调用

至此，可以进行 Web 服务部署了，步骤如下。

（1）搭建部署环境。

将 FastAchievement. jar 重命名 FastAchievement. aar ，粘贴至 \axis2-1. 4. 1\
repository\services\ 目录下（图 8-34）。

图 8-34　复制并重命名 FastAchievement. aar

（2）打开 \axis2-1. 4. 1\bin\ 目录，运行 axis2server. bat，启动 Axis 服务器
（图 8-35）。

图 8-35 运行 axis2server. bat，启动 Axis 服务器

（3）访问 http://127.0.0.1:8080/axis2/services/FastAchievementService? wsdl，若正确显示出其 WSDL 文件，则 Web 服务在 Axis 中部署成功。

（4）Web 服务调用方法及 Web 服务组合应用。

Web 服务调用说明如下：

服务调用的 URL 为

http://127.0.0.1:8080/axis2/services/FastAchievementService? wsdl

调用的服务的操作为

命名空间（namespaceURI）：http://server.zhanghuang.org

本地部分（localPart）　　：getAchievement

调用的方法的参数值为

参数	value 说明	数据类型
xuehao	学号	String
password	密码	String
ip	教务系统 ip 地址	String

返回数据格式为 Json 格式，其数据结构如下：

[{"grade":XX,"name":"XX","xuenian":"XXX-XXXX","xueqi":XX},
......]

key	value 说明	数据类型
xuenian	学年	String
xueqi	学期	int
name	课程名	String
grade	成绩	float

Web 服务调用功能实现如下

Lesson. java 部分代码为

```
 */
public class lesson{|

    private String xuenian;
    private int xueqi;
    private String name;
    private float grade;
    public String getXuenian(){
        return xuenian;
    }
    public int getXueqi(){
        return xueqi;
    }
    public String getName(){
        return name;
    }
    public floot getGrade(){
        return grade;
    }
    public void setXuenian(String xuenian){
```

Achievement. java 部分代码为

```
public class Achievement {
    public static List < Lesson > getAchievement (String xuehao,
    String password) throw
        RPCServiceClient serviceClievt = new RPCServiceClient();
        Options options = serveceClient. getOptions();
        //设定服务提供者的地址
        EndpointReference targetEPR = new EndpointReference ("ht-
        tp://127.0.0.1:8080 options. setTo(targetEPR);
        //设定所有调用的服务的操作
         QName opGet = new QName ("http://server. zhanghuang. org
         ","getAchievement");
        Class[]returnTypes = new Clas[]{String. class};
        //设定调用的方法的参数值
        Object[]args = new Object[]{xuehao,password,"210.37.0.27
        '};
```

```
//得到调用的结果
Object[]resppanse = serveceClient. invokeBlocking(opGe-t,
args,returnTypes);
String result = (String)response[0];;
//如果调用失败
if(result = = null){
    System.out.println("服务调用失败!");
}
//解析 json 数据
List < lesson > list = JSON. parseArray (result, lesson. cl-
ass);
//返回数据
roturn list;
}
```

QueryAction. java 部分代码为

```
package org.zhanghuang.action;
import java. io IOException;□
public class QueryAction extends HttpServlet {

    @ Override
    protected void doPost (HttpServletRequest req, HttpServletRe-
    sponse resp)
            throws ServletException,IOException {
        String xuehao = req. getParameter("xuehao");
        String password = req.getParameter("password");
        List < Lesson > list = Achievement. getAchievement (xuehao,
        password);
        req.setAttribute("list",list);
        //转发至成绩显示页
        req.getRequestDispatcher ("/WEB-INF/show.jsp").forward
        (req,resp);
    }
    @ Override
    protected voed doGet (HttpServletRequest req, HttpServletRe-
    sponse resp)
            throws ServletException,IOException {
        this.doPost (req,resp);
    }
```

访问界面采用 JSP 编写，主要由登录页面 index. jsp 和结果显示页面 show. jsp 构成。

其中，登录页面 index. jsp 代码为

```
<% @ page language = "java"import = "java.util. * "pageEncoding = "
  UTF-8"% >
<%
String path = request.getContextPath();
String basePath = request.getScheme() + "://" + request.getServer-
Name() + ":"
% >


< !DOCTYPE HTML PUBLIC" -//W3C//DTD HTML 4.01 Transitional//EN"
<html >
    < head >
        < base href = " < % =basePath% > " >
        < title >My JSP 'index.jsp' starting page </title >
        < meta http-equiv = "description" content = "This is my pa-
            ge" >
    </head >

    < body >
        < h1 >海南师范大学—快速获取正方系统成绩 </h1 >
        < form action = "/GetAchievement/QueryAction" method = "P-
            OST" >
            学号: < input type = "text" name = "xuehao"/ > < br/ >
            密码: < input type = "password" name = "password"/ > < b-
                r/ >
            < input type = "submit" valu = "查询" >
        </form >
    </body >
</html >
```

结果显示页面 show. jsp 部分代码为

```
< body >
    < table style = "border:sol id 1px" >
        < tr >
            < th >学年 </th >
            < th >学期 </th >
            < th >课程名称 </th >
```

```
      <th>成绩</th>
   </th>
<%
 List<Lesson>list =
     (List<Lesson>)request.getAttribute("list");
 Iterator<Lesson>iterator=list.iterator();
 while(iterator.hasNext()){
     Lesson lesson=iterator.next();
%>
 <tr>
     <td><%=lesson.getXuenian()%></td>
     <td><%=lesson.getXueqi()%></td>
     <td><%=lesson.getName()%></td>
     <td><%=lesson.getGrade()%></td>
 </tr>
 <%
```

在浏览器中运行 index. jsp，访问指定的教务系统，输入用户名和密码正确，则通过调用 Axis 服务器中发布的 Web 服务器中的方法，输出图 8-36 所示结果，说明通过调用 Web 服务成功实现了对指定教务系统的访问。

2014-2015	1	02072018	海南历史	85
2014-2015	1	12999010	管理心理学	79
2014-2015	1	21023003	马克思主义基本原理	66
2014-2015	1	22000013	大学英语（三）	64
2014-2015	1	23000207	大学体育(三)	90
2014-2015	1	24122708	程序设计与算法训练	94
2014-2015	1	24123147	软件需求工程	71
2014-2015	1	24124108	数据结构	75
2014-2015	1	24125111	计算机组成原理（含汇编）	92
2014-2015	1	24999030	Visual FoxPro数据库应用	80
2014-2015	1	6023004	普通物理（含实验）(B)	87

图 8-36　通过 Web 服务访问教务系统

练习题

一、思考题

1. 总结陈述 Web 服务开发的一般方法和步骤。

2. 如何对现存系统或遗留系统的相关功能实施 Web 服务化改造？

二、应用题

1. 利用 Google Web 服务开发一个网络搜索工具。

2. 利用 Amazon Web 服务开发一个网上书店。

3. 利用火车时刻表、航班信息、酒店预订、天气预报等 Web 服务，采用服务组合方式，设计开发一个提供旅游代理服务功能的假期出行工具。

第 9 章

Web 服务的技术挑战与研发热点

本章学习目标：

面向服务体系结构（SOA）的最佳实践——Web 服务的学科基础就是服务计算，本章通过相关技术挑战和研发热点领域的介绍，了解服务计算的新定义、新框架，智能服务的基础和目标，Web 服务发现与选择，运行时服务异常处理等最新技术发展动态。

本章要点：

- 服务计算的新定义、新框架；
- 智能服务的基础和目标；
- Web 服务发现的研究目标；
- 基于 QoS 的 Web 服务选择问题的解决方案；
- 运行时服务异常处理的体系结构。

服务作为非物质化的产品无处不在，它贯穿于社会生活的各个方面。服务计算作为一门新兴的计算学科，代表了分布式计算的发展方向，是当前学术界和工业界的研究热点。SOA 的最佳实践——Web 服务的学科基础就是服务计算。服务计算产生的背景是社会分工越来越细，大量的软件外包业务需要大量、频繁调用第三方接口，服务通过统一的接口标准，如 Web 服务得到大量应用，由此也产生了把一切都封装成接口的形式（Anything as a Services，XaaS）。

互联网时代随着云计算、大数据、物联网、人工智能等信息技术新业态的发展，服务计算研究领域也产生了新的技术挑战和研发热点。本章内容管中窥豹，从服务计算的新定义开始，在智能服务、Web 服务选择、服务异常处理等方面介绍相关的技术热点和发展。

9.1 服务计算的新定义[7]

近年来，以云计算、物联网、移动互联网、大数据为代表的新一代信息技术与传统服务业的融合创新，催生了以共享经济、跨界经济、平台经济、体验经济为代表的多种创新模式。这些创新模式的推广与应用使得服务形式更为多样、服务应用更加泛化、服务的内涵和外延也随之被不断拓展，并给现代服务业的支撑技术——服务计算带来了新的挑战和要求，使得传统服务模型、服务计算技术无法完全刻画和支撑现代服务业不断涌现的新颖服务形态和服务模式。服务计算是现代服务业的基础支撑科学，它围绕"服务"的科学问题和关键技术展开研究与应用，是一门连接现代服务业和信息技术服务的交叉学科，被视为服务转型与打造现代服务业的利器。

9.1.1 服务计算新定义

尽管服务计算的研究已历经 10 余年，但其定义一直还未能达成共识，下面列举当前具有代表性的几个定义：

IEEE 服务计算技术委员会（IEEE TCSVC）认为：服务计算是一门跨越计算机与信息技术、商业管理与咨询服务的基础学科，其目标在于利用服务科学和技术消除商业服务和信息技术服务之间的鸿沟。

服务计算领域旗舰会议 ICSOC（International Conference On Service Oriented Computing）的创始人迈克·帕帕佐格鲁（Mike P. Papazoglou）认为：服务计算是一种以服务为基本元素进行应用系统开发的方式。

《IEEE 网际网路计算杂志》（IEEE Internet Computing）前主编穆宁达·辛格（Munindar P. Singh）认为：服务计算是集服务概念、服务体系架构、服务技术和服务基础设施于一体，指导如何使用服务的技术集合。

上述 3 个定义分别从学科角度、软件系统设计与开发的角度、服务技术应用角度对服务计算进行了定义。然而，第一个定义显得过于笼统和抽象，未能明确服务计算的本质、内容、范畴；而后两个则过于强调软件技术，显得过于狭隘。

服务计算的核心是"服务"，但聚焦于某类或者某种服务形态来定义服务计算，则缺乏全面性和包容性。由于服务供需双方主体间的关系是构成服务的关键，无论何种服务，只有双方达成供需关系时，服务才会发生。因此，对服务计算作如下定义。

服务计算是一种面向服务提供主体和服务消费主体、以服务价值为核心的计算理论，它通过一系列服务技术的应用，借助服务载体，完成双方预先商定的服务过程，达成既定的服务目标，并最终产生或者传递服务价值。

该定义是服务计算的一种普适性定义，它遵循并支持回型服务关系模型，不受限于任何服务主体类型和服务形式。它的范畴不仅仅包括服务的过程以及支撑该过程的服务技术，如传统的服务封装、发布、发现、组合、管理等，其外延大大超出服务过程与服务技术的范畴，涵盖了服务价值、服务目标、服务载体等重要属性和内容。

该概念也严格区分了服务计算与服务技术。服务技术只是服务计算完成计算过程所依赖的技术集合。同时，该概念也诠释了服务计算的目标是要促成主体双方建立服务关系，并完成以价值为中心的服务过程。它通过服务技术的应用支撑服务提供主体与消费主体之间的服务过程，该过程受主体双方协商的服务目标约束。服务过程的结果是服务目标的完成以及服务价值的产生或转移。

与传统的服务计算定义相比，新定义包括如下 3 点重要新内涵：

（1）服务价值是服务计算的核心：它是服务提供主体与服务消费主体建立服务关系的驱动力，也是服务计算的最终结果和目标。服务价值的生成或者传递蕴含在服务模式、商业模式中，通过服务过程的实施体现出来。

（2）服务目标是服务计算过程的度量标准：服务计算的过程针对服务主体双方约定的服务目标，通过服务技术的实施和应用，利用服务提供主体的能力、资源等满足服务消费主体的需求。服务目标指导并度量服务计算的过程。

（3）服务载体是服务计算过程的重要支撑：一方面，服务计算服务于服务提供主体，使其能更好地基于服务技术实现服务的封装、发布、运维与管理；另一方面也服务于服务消费主体，使其能方便地进行服务的查询、发现和应用等。双方的交互通过服务载体这一桥梁建立服务关系，并通过在载体上的交互完成服务过程。

9.1.2　服务技术的新框架

传统服务计算以网络服务（Web Service）、面向服务架构（Service Oriented Architecture，SOA）为核心，形成了一套服务应用技术。这些技术支撑了现代服务业各行业应用的设计、开发、运行与管理，在我国现代服务业发展的萌芽期、培育期起到了至关重要的技术支撑作用。然而，随着我国现代服务业逐步进入快速的成长期，特别是伴随着科技在现代服务业中的作用日趋显著，服务技术已经从后台支撑变成前台引领。移动互联网、物联网、云计算等创新技术推动新兴服务业态和新商业模式的不断涌现，极大地促进了现代服务业的蓬勃发展，也对现代服务业的支撑技术——服务技术提出了新的要求和新挑战。

关于服务价值的科学问题与技术难点有：如何围绕价值链条或网络建立服务价值的计算理论与模型方法，涵盖描述、生成、传递、感知、度量、评测等内容，从而更加深入地从服务价值的计算模型角度研究探索商业模式，包括其建模设计、运行模拟等。

关于服务载体的科学问题与技术难点：即如何围绕服务过程，特别是针对跨域跨界跨行业的服务过程，探索建立服务载体的模型方法与技术平台，包括跨语义、本体知识、复杂流程等处理模型与方法。

　　关于服务目标的科学问题与技术难点：由于服务目标的多样性、复杂性以及碎片化，导致服务主体之间协商的难度，特别是服务主体类型，包括智能系统在内的多元化。

　　传统服务计算以技术为导向，在服务价值、目标、载体等方面缺乏相应的理论模型、技术体系和量化方法，难以支撑现代服务业的发展要求。为应对上述3方面的挑战，必须拓展传统以网络服务、面向服务架构建立起来的服务技术体系。

　　依据服务生命周期的3个阶段，即设计阶段、实现阶段和运营阶段，从计算、管理、市场的视角提出如图9-1所示的新技术框架，包含理论模型、技术方法和工具平台。

　　(1) 设计阶段的支撑技术主要为企业的服务价值评估、服务模式设计、商业模式分析以及风险预测和评估提供技术支持；

　　(2) 实现阶段的支撑技术为企业构造和实施服务提供相应的信息化技术支持，主要实现对企业数据、流程和服务的综合应用和管理；

　　(3) 运营阶段的支撑技术为企业日常运营和优化服务提供一系列相关技术，为企业进行服务价值分析、商业模式瓶颈挖掘，以及新一轮的服务创新、商业模式设计提供技术支持。

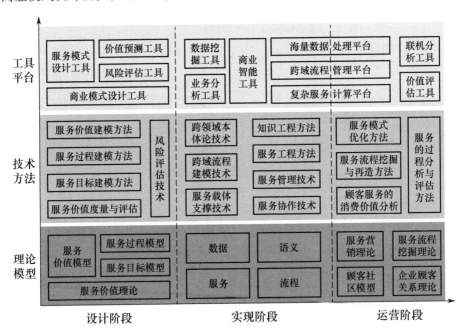

图9-1　服务计算新技术框架[7]

表 9-1　新技术框架对典型服务模式的支撑[7]

服务模式	服务目标	服务过程	服务载体	服务价值
平台服务	服务目标为实现平台经济中双方或多方的交易；服务计算为完成交易目标提供订单、支付、物流等技术支持	服务主体双方通过在第三方互联网平台（服务载体）上进行交互，完成服务过程	三类服务模式的服务载体均为第三方互联网服务平台，如平台服务中的电商平台、众筹平台、私车共享平台、O2O外卖服务平台等；服务计算为这类服务载体提供开发、运行和管理技术，为平台双方或者多方的服务接入、服务发布、服务使用、服务供需匹配提供技术支持	这三类服务模式的服务价值体现在服务主体双方在服务载体上进行交互完成服务目标从而产生的服务价值。 该价值包含三方面的价值，即服务提供主体价值、服务消费主体价值和第三方平台价值。服务计算为服务价值度量、产生和传递提供支撑
共享服务	目标为共享闲置对象或者资源，提升共享对象或者共享资源的利用率；服务计算为实现这一目标，提供了在线服务目标协商、共享对象或资源的定位、获取、推荐等技术支撑	服务主体双方通过互联网服务平台（服务载体）确定共享关系与共享内容，之后通过共享对象使用权的转移完成服务过程，从而盘活各类分散、闲置的服务资源		
O2O服务	目标为完成线上交易与线下体验；服务计算为实现这一目标提供服务预约、在线支付、服务反馈等技术支撑	服务主体双方通过互联网服务平台（服务载体）确定线上服务内容并完成支付，之后双方通过线下互动完成服务过程		
跨界服务	目标为打破原有企业边界，通过跨界资源集成与融和，创新开发新的产品和服务，从而开辟新的服务市场，跨界获取其他行业、领域的市场用户	依据跨界服务的具体形式和内容，来自不同领域的服务主体双方依据事先协商的服务内容、服务程序，完成宽频度、跨界服务的交互过程	服务载体为跨界产品和功能所运行的主体，如微信是腾讯跨界支付的服务载体、支付宝是阿里巴巴跨界理财的服务载体；服务计算为设计、实现、运营、管理服务载体提供支持	跨界服务价值体现在企业通过运营跨界产品和服务所产生的收益；服务计算为服务价值度量、产生和传递提供支撑

新的服务计算技术框架突破了传统的 Web 服务技术范畴，融入了服务模

式、商业模式、服务价值等重要内容，能较好地支撑现代服务业涌现出来的新型服务模式。如表 9-1 所示，以平台服务（平台经济）、共享服务（共享经济）、线上到线下（Online To Offline，O2O）服务、跨界服务等典型服务模式为例，分别从服务目标、服务过程、服务载体、服务价值阐述了新的服务计算技术框架如何对 4 种服务模式进行技术支撑。

9.2 智能服务

智能服务是指能够自动辨识用户的显性和隐性需求，并且主动、高效、安全、绿色地满足其需求的服务。其中：主动，即主动识别用户需求，从而主动提供服务；高效，是指用户获得服务的响应时间最短，体现智能服务的高效率；安全，是智能服务的基础；绿色，是指节能环保，以较低的消耗获得较高的效果。整个定义中，主动、高效、安全和绿色 4 个目标体现了智能服务与物联网系统有着本质的区别。

与 20 世纪相比，21 世纪的人工智能有以下两点不同：

（1）2007 年，图灵奖得主 Jim Gray 提出的"第四范式"呼唤着下一代人工智能系统，就是数据驱动的人工智能系统；

（2）各个行业里的需要，运用人工智能和大数据去发现新知识。

图灵奖得主 Raj Reddy 认为：人脑的智能不是整个大脑一起运作的，而是分为成千上万个区域，每一片区域具有一种特定功能。根本就不存在通用人工智能，所有的智能都是应用于某一特殊领域的智能。

人类社会已经历了农业化、工业化、信息化阶段，正在跨越智能化时代的门槛。物联网、移动互联网、云计算方兴未艾，面向个人、家庭、集团用户的各种创新应用层出不穷，代表各行业服务发展趋势的"智能服务"因此应运而生。智能服务实现的是一种按需和主动的智能，即通过捕捉用户的原始信息，通过后台积累的数据，构建需求结构模型，进行数据挖掘和商业智能分析，除了可以分析用户的习惯、喜好等显性需求外，还可以进一步挖掘与时空、身份、工作生活状态关联的隐性需求，主动给用户提供精准、高效的服务。这里需要的不仅仅只是传递和反馈数据，更需要系统进行多维度、多层次的感知和主动、深入的辨识。

9.2.1 智能服务的基础—服务语义互操作

基于服务的软件需求语义信息的行为协作，实质上是一个领域约束和动态资源交互的语义互操作性问题，其关键在于自组织需求过程及其需求语义互操作性的约束、展开、资源聚类、服务聚合，以满足用户需求。面向服务的软件工程时代，以网络为基础的信息系统应用与服务已成为保障国民经济和社会生活可持续发展的重大需求。在复杂的网络环境中，信息系统的规模和复杂度与日剧增。这种复杂信息系统需要解决的核心问题是信息资源之间的交互与协同，因此研究支持复杂信息资源（如信息模型）之间互操作性（Interoperability）软件理论与方法，显得十分重要，同时也为下面需求语义互操作性展开的研究提供了理论基础。

服务之间的互操作性是一个工程概念，不同的领域和研究组织对互操作性的定义不尽相同，而互操作性问题则属于应用基础问题。IEEE（国际电工电子工程师学会）对互操作性给出的定义是："两个或多个系统或构件之间交换信息，并使用这些交换的信息的能力"。

首先，互操作性发生在两个或多个系统或服务之间，而不是在某个独立的系统内部。互操作性问题产生的根源是异构性，而只有不同的系统之间才会出现异构的问题，进而导致互操作性问题。其次，互操作性包含了系统两方面的能力：一是彼此交换信息的能力；二是使用所交换信息的能力。交换信息意味着参与互操作的系统间能够进行信息的顺利交互，主要涉及通信层次的问题，而使用信息，则包含了接收信息的一方能正确地理解和处理所接收的信息，并合理的响应，如反馈信息。

互操作性在面向服务（SO）系统中是个至关重要的问题，互操作性种类可分为：

（1）协议互操作性。允许双方（服务，过程，客户，或系统）互相通信，如 WSDL、SOAP、OWL-S、HTTP、UDDI、ebXML，协议互操作是最小要求。

（2）数据互操作。允许双方（服务，过程，客户，或系统）交换数据。

（3）过程交互互操作：过程执行时允许双方互相通信。

静态安排：通信前过程和交互已定义（或固定），这是传统的 SOA。如：一方是一个应用系统的工作流，另一方是一个服务；或双方都是服务。

动态安排：运行时建立交互协议，但动态安排首先是允许数据交换。如 OASISCPP/CPA。同时允许这些过程与工作流交互，如 ECPP/ECPA。

对于互操作性，国际电工电子协会将其能力划分成两层：语法互操作性及语义互操作性：

（1）语法互操作性表示两个或者多个系统之间在顺畅通信基础上的数据交换为，语法互操作的基础主要是具有标准的数据格式、调用接口、通信协议等。一般来说，SQL 标准语言以及 XML 语言提供的就是语法互操作性。

（2）在交互数据信息的基础上，交换的信息能够被无歧义地解释和利用就说明系统提供了语义互操作性，即语义协同工作能力。

本体作为一种信息语义显式的建模方法，可以作为软件系统的语义研究载体，日益得到业界的重视，并已经得到了广泛的应用。传统的局域系统集成，以解决两两系统之间的无缝连接为目标，实现行为协同。以互联网为基础的面向服务的软件工程中，异构的软件服务单元之间交互与行为协作研究显得更加重要。网络环境中的交互与行为协同，实质上是研究互连、互通（信）与松散耦合式互操作性问题。基于快速发展的网络技术，互连、互通问题已经基本解决。但是，互操作性问题，特别是行为协作的语义互操作性问题远远没有解决，它是一个极富有挑战性的技术难题。

语义互操作性研究往往和应用场景、具体领域有关。尽管应用领域是多样的，但语义互操作性的基本目标不变，即软件服务单元能接收另一方提供的数据，并能使用该数据进行计算（处理信息），最后生成用户满意的结果。在软件服务单元交互过程中，需要假定具有公共的信息交互框架（即统一的信息描述方式，如 XML，以及统一管理的互操作性元模型框架 MFI（ISO/IEC SC32 19763）等）。在语义互操作性问题中，我们关注被交互信息的内容是否被无二义性的定义，并且该定义方法不依赖于具体的应用情境。这一问题，目前国际上主要提供了 MFI 语义互操作性元模型框架性 ISO 标准。XML 提供的仅仅是语法交互的框架，被交互信息的语义定义方法还没有得到完全解决。

语义互操作性研究一般依赖于施加系统的具体应用场景，在软件应用领域指各个软件单元、系统间交换和使用具有精确含意数据的能力，即数据、协议能够被理解并产生有效的行为协作结果。

语义互操作性能力，实质上是研究服务软件之间的交互与行为协作的能力。

语义互操作性能力，一般可分为以下类别：①完全语义互操作：含意互操作性。②部分语义互操作性：这是本章研究的重点，即仅能够完成共享连接本体的部分语义行为协定。部分语义互操作，一般选取连接本体的覆盖百分比值表示。百分比越大互操作性能力级别越高，100% 指达到了含意互操作性级别。③无语义互操作性：部分语义互操作性能力的度量百分比低于规定阈值 M 时，即无语义互操作交互能力。

实例问题描述（来自 SemanticHEALTH）："60 岁的 Peter 从爱尔兰搬家到了西班牙，因为他在那里找到一份新的工作。几周后，他生病了。于是去找他家附近的西班牙家庭医生（GP），在家庭医生的建议下，他被转到附近的西班牙医院接受治疗。"

第 0 层（无互操作性）：由于 Peter 就诊的西班牙医院无法得到他在西班牙 GP 和爱尔兰 GP 处就诊的病历资料，因此他不得不重新做所有的检查，来确定他的病因。

第 1 层（语法操作性）：Peter 就诊的西班牙医院可以获取他在西班牙 GP

和爱尔兰 GP 处就诊的病历资料（电子文档，如网页和 Email 等方式），但西班牙医院的医生无法解读爱尔兰语的病历资料，或者即使可以读懂西班牙 GP 提供的病历资料，但只能通过人工阅读后，手工输入到西班牙医院的医疗系统中。

第 2 层（部分语义互操作性）：Peter 就诊的西班牙医院可以通过互联网获取他在西班牙 GP 和爱尔兰 GP 处就诊的电子病历资料。这些病历资料中的大部分内容是用自然语言描述的病人健康信息，但其中非常重要的信息片段（如人口统计特征、过敏症和用药记录等）都是基于国际标准代码（Encoded Using International Codingschemes）来编码的，这样西班牙医院的医疗信息系统就能够自动完成病历数据转换、传输给西班牙医院的医生。部分语义互操作性能力的度量，是按照能被语义转换、利用的数据信息量占所有交互数据信息总量的百分比例。比如，能完成转换、正确使用的医疗信息数据占医疗病历数据信息总交换量的 35%，那么其部分语义互操作性能力为 35%。

第 3 层（完全语义互操作性）：Peter 就诊的西班牙医院的医疗信息系统能够自动发现、解析，并呈现所有必须（是否必须取决于语义互操作性的定义要求）的病历信息。即，西班牙医院的信息系统可以与爱尔兰 GP 的医疗信息系统以及西班牙 GP 的医疗信息系统无缝集成，接收到的病例信息能被正确存储到本地系统中，并提供 Peter 的完整病历资料。

即能够实现西班牙医院的信息系统可以与爱尔兰 GP 的医疗信息系统以及西班牙 GP 的医疗信息系统的含意（meaning）互操作。

在以上语义互操作性能力级别中，主要关注的是处于含意语义互操作性与无语义互操作性之间的部分语义互操作性问题，它具有相当大的研究空间。部分语义互操作性能力作为目前大多数可完成语义交互的软件系统所具有的实际互操作性能力属性，展示了进一步研究的现实意义。

概念实体的语义相似性匹配过程具体为：对任意两个概念 CON1、CON2，设这两个概念的名字分别为字符串 STR1、STR2。首先分别对两字符串进行分词切分，即删除字符串中的前置词、连词、代名词、感叹词，只保留连续的具体意义的词。

不妨设此时字符串 STR1、STR2 分别被变换成 $<$ S TR1w1，…，S TR1wn $>$ 和 $<$ S TR2w1，…，S TR2wm $>$。对于任意的串 STR1wi $\in$ $<$ S TR1w1，…，S TR1wn $>$ 和 S TR2wj $\in$ $<$ S TR2w1，…，S TR2wm $>$，计算两串 STR1、STR2 的相似度取值：similarity（S TR1wi，S TR2wj）= wst. lookup（S TR1wi，S TR2wj）。

其中相似度计算是通过检索词相似度表，此表一般由专家在相似度计算前先通过义类词典（如 WordNet1）得到。

如果字符串长度 n $<=$ m，就为每个 STR1 字符串中词 STR1wi 匹配相似度值

最大所对应的 STR2 字符串中的词 S TR2wj，令 match（S TR1wi，S TR2wj）= similarity（S TR1wi，S TR2wj）. 得到两个概念实体之间的相似度取值为：match（CON1，CON2）= Sum（match（S TR1wi，S TR2wj））/n。

即字符串 STR1 中所有字的最大相似度取值和的平均数。计算方法同样可相同推广到中文语境下。

实际的语义距离计算以公开发行的义类词典为计算宿主，通过计算其共同抽象（上层祖先）而得到，这样语义距离计算必须要有一个较为全面、准确的结构化计算宿主，即语义资源库。义类词典 Hownet 又称《知网》，它其中文概念词语语义知识内容比较全面，在计算语言学研究中经常使用。

Hownet 中主要元素是：中文词语的"概念"与词语的表达意思的"义原"，中文"概念"指中文词汇的表达，表达意思的"义原"被用来表示一个中文"概念"的最小意义单位，同一个"义原"对应多个"概念"，是它们的共同语义指称。

云计算作为一种新型计算平台，连接成千上万的用户，管理着海量的计算和服务资源。然而，不同服务提供商的服务资源或应用程序之间的异质异构性，导致云服务（软件即服务、平台即服务、基础设施即服务）的互操作性能力低下。因此，如何解决互操作性管理问题成为研究的焦点。

为了实现软件系统之间的互操作性有效管理，需要对软件系统间交换的信息所遵循的语法、语义给予明确的记录，即注册。同时，对于交互双方在语法、语义方面的对应关系也需要准确地说明，即建立语法和语义方面的映射。注册也是一种虚拟化聚合服务的技术，是 SOA 架构中的关键一环。标准化是工程化管理语义互操作性的重要手段，标准就是技术，标准就是产品。基于以上理念，ISO/IEC JTC1 SC32（数据交换与管理分委员会）制订了 MFI（互操作性元模型框架）系列标准，从元模型层面在模型注册、本体注册、模型映射的角度对注册信息资源的基本管理信息提供参考，能够在一定程度上促进和管理软件系统之间的互操作性。

9.2.2　智能服务的目标——按需服务

要实现智能服务，固然离不开以云计算、物联网等技术为基础，对海量数据进行深度挖掘和商业智能分析，进而自动为用户提供精准、高效的服务。更重要的是，智能服务是站在用户的角度，更加贴近用户的具体需求和现实场景，从而能够为用户带来全新的服务和产品。

"沟通成就一切、互动创造价值"。面对无处不在的网络化交互，实现"互联网＋"应用的创新价值服务，其关键在于如何通过支撑供需交互的语义互操作技术，实现多样化涉众需求制导的业务协作以及面向软件模型资源的服务供给侧可互操作构造，以化解云计算中深层 Web 服务资源的"信息孤岛"难题。

服务计算作为网络化时代的软件生产技术，其知识体目前主要包括服务软件生命周期的规划、资源生产、服务发布、计费和管理，但对计算的最终目的－按需服务涉及不多，研究社区普遍关注于服务发现和服务组合技术，研究的出发点是假定服务资源足够丰富，但实际情况并非如此。从用户需求出发，探索需求主导的服务资源个性化主动定制，以完成服务聚合运行时无法匹配的服务构件资源的即时、按需生产，努力弥补研究社区在按需服务资源定制方面的缺失，改善服务资源供应结构，是开展服务资源定制的动机和出发点。

像制造业那样生产软件一直是软件工程师们孜孜以求的梦想。回顾软件开发方式的演变历史，从面向机器、面向过程、面向对象到面向构件都是沿着一条工业化大生产的道路迈进。福特汽车的流水线生产是工业化大生产方式的典型代表，通过标准化体系，实现规模化的生产，按照"积木块"的构件方式来生产、组装、更换产品，实现了大规模、快速化和低成本的生产。随着大批量的规模化生产释放出来的惊人生产能力，我们今天面对的是一个物质供应极大丰富的世界。在这样一个买方市场的丰饶世界里，生产商的剧烈竞争，使得生产必须以用户为中心，从而导致市场不断细分，定制化生产又成为竞争的关键。最终将用户也融合进来，用户需求成为设计和生产的一部分，更灵活、便捷、廉价地为用户服务。

图 9-2 所示为面向网络服务的软件规模化定制的概念模型，此模型假设服务资源足够丰富，其中阴影部分是关于涉众的个性化需求。如果针对的个性化服务资源并不存在，也无法通过组合服务实现，那么就涉及研究基于个性化需求的服务构件资源定制生产的问题，如何将图中阴影部分关联于后端的服务生产？如何体现按需服务构件资源定制要求和即时生产？这正是其关注的研究方向。

定制化服务是指按消费者自身要求，为其提供适合其需求的，同时也是消费者满意的服务。服务软件开发中有大规模定制软件生产与个性化服务定制的区别（表 9-2）：规模化软件定制（Mass Customization，MC）生产模式结合了定制生产和大规模生产（Mass Production）两种生产方式的优势，在满足客户个性化需求的同时，保持较低的生产成本和较短的交货提前期；而个性化服务定制在于捕获服务资源中未发现的个性化需求个别定制生产，以丰富服务构件库资源，改善服务资源以服务提供者主导的模式为服务消费者需求驱动生产的模式。两者的互为补充，共同改善服务涉众体验质量。

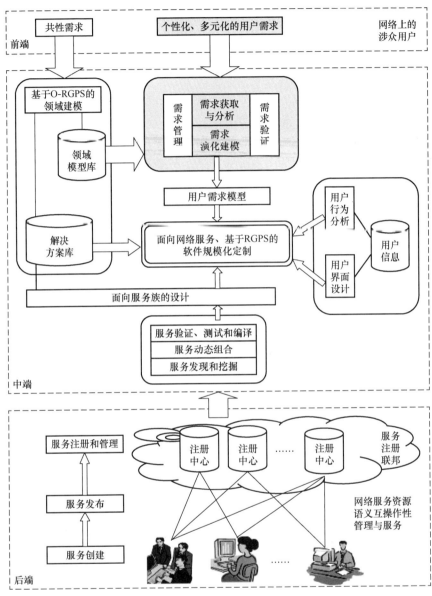

图 9-2　面向网络服务的软件规模化定制的概念模型

表 9-2　大规模定制软件生产与个性化服务定制

比较项目	特征/目的	适用涉众	适用制品
大规模定制 (MC) 软件 生产	以大规模的生产成本和时间满足用户的个性化需求，其基本思想是将个性化定制产品的生产问题通过产品重组和过程重组转化为或部分转化为批量生产问题，主要分为共性构件生产和个性化装配两个阶段	服务请求者、体系结构设计者（架构师）、服务提供者	最终交付产品

（续）

比较项目	特征/目的	适用涉众	适用制品
个性化服务 （构件）定制	通过服务构件的个性化定制产生种类繁多、适应个体用户的服务构件资源集合	服务请求者、服务提供者	单个服务或简单组合服务

以服务请求者为中心的 SOA 结构（图 9-3）中，服务请求者处于主动地位，服务请求者不但发起服务需求，在提供的服务资源中选择、匹配和组合，而且可以主导服务构件的个性化按需定制。

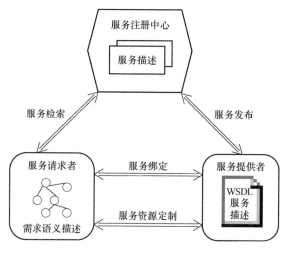

图 9-3　以服务请求者为中心的 SOA 结构

9.3　Web 服务发现与选择

在网络服务的应用层面，日益增多的服务类型和服务个数的井喷式增长给网络服务生态系统的良性发展带来了诸多挑战。在网络服务生态系统中，服务注册、服务发现和服务调用是 3 个关键的基本环节。其中，服务发现又是重中之重，服务发现涉及查找和定位满足特定需求的网络服务。针对服务的描述文档进行朴素的文本查找是服务发现的经典形式，但是由于自然语言构成的文本通常是非形式化的，这导致服务的描述文档经常具有歧义。因此，经典形式的文本查找方法并不能获得高效的和令人满意的结果。此外，大量面向相同应用领域的同质化（Homogenous）服务极大地增加了服务发现的复杂性和困难程度。面对日益复杂的网络环境和应用场景，如何高效地进行服务发现，为服务请求者提供符合其需求的最合适的服务仍然是一个具有挑战性的问题。

服务发现（Service Discovery）：服务发现是指对和网络服务相关的资源的机器可处理的描述的定位行为。该资源可能之前是未知的，并且能够满足一定的功能性条件。服务发现涉及一系列功能性条件以及其他条件与一系列资源描述之间的匹配，目的是为了找到合适的与网络服务相关的资源。

服务发现定义为对和网络服务相关的资源的机器可处理的描述的定位行为，该资源可能之前是未知的，并且能够满足一定的功能性条件。其涉及一系列功能性条件以及其他条件与一系列资源描述之间的匹配，目的是为了找到合适的网络服务相关的资源。除了万维网联盟（W3C）组织的上述定义，学界和业界还对服务发现进行了其他形式的描述。

服务发现分为两个子过程：服务匹配（Service Matchmaking）和服务选择（Service Selection）。服务匹配根据服务请求者的功能和质量需求对服务提供者所通告的服务进行过滤。服务选择根据服务请求者的偏好对服务匹配的结果进行排序。最后由服务请求者在经过排序的服务列表中选择最合适的服务。上述定义将服务选择作为服务发现的一个环节，即首先获得现有可用服务的集合，然后根据一定的准则对该集合中的服务进行排序，最终选取出最合适的服务。

针对即将进行服务组合的候选服务集合中的服务选择问题做了服务质量属性方面的分析，阐述了在进行服务组合之前，首先必须发现候选的服务，然后再对服务进行选择，服务发现是服务选择的一个先决条件。认为服务发现处理的是寻找与确定的服务查询所对应的服务集合，而服务选择是在这些已经找到了的服务中选出一个最合适的。已有的服务选择研究工作主要分为以下4类：基于语义的、基于上下文感知的、基于信任与信誉的以及基于服务质量的。上述研究工作主要关注于针对已有的服务集合来选出最合适的服务，目前来说基于服务质量的方案与模型占主流。

在服务选择的过程中，时常出现需要对服务进行替换的情况。

替换服务：假设 S 是一个服务集，两个服务 Ser_i（$oplist_i$），Ser_j（$oplis_j$）$\in$ S，其中 $oplist_i$，$oplis_j$ 是服务 Ser_i，Ser_j 提供的操作集合。如果 $ComOp_{ij} = （oplist_i \cap oplist_j）\neq \phi$，当调用 Ser_i 中的操作属于 $ComOp_{ij}$ 时，则称 Ser_j 是 Ser_i 的替换服务。

服务替换率：给定两个服务 Ser_i，Ser_j，且 $ComOp_{ij} = （oplist_i \cap oplist_j）$ 是它们的共同可执行操作，则服务 Ser_j 对于 Ser_i 的替换率 $ReplaceQ_{ij}$ 表示为

$$ReplaceQ_{ij} = \frac{|ComOp_{ij}|}{|oplist_i|}$$

式中：$|ComOp_{ij}|$、$|oplist_i|$ 都是操作的数目值。

服务替换性就是一个服务针对另一个服务的替代能力。根据服务替换率的

不同，可把替换服务分为以下类别。

1）完全可替换服务

如果服务彼此之间的服务替换率都等于1，则称它们为完全可替换服务。

2）部分可替换服务

如果服务彼此之间的服务替换率至少有一个小于1，则称它们为部分可替换服务。

3）不可替换服务

如果服务之间无共同可执行操作或服务替换率为0，则称它们为不可替换服务。

随着 Web 服务数量的不断增长，许多服务提供商已经开始提供不同的服务质量（QoS）的服务，以满足不同用户群体的需求。目前，单一的服务往往只提供一个功能，用户往往希望将多个服务组合起来使用。如何在服务组合的过程中快速地选择出满足用户 QoS 约束的服务组合已经成为一个热点问题。

基于 QoS 的 Web 服务选择问题的解决方法可分为启发式算法和非启发式算法。在非启发式方法中，一些学者利用多选择背包、整数规划、回溯法和图论来解决这个问题。在启发式方法中主要包括遗传算法、粒子群算法、蚁群优化算法、免疫系统算法、禁忌搜索算法和模拟退火算法等启发式算法。如图 9-4 所示为基于 QoS 的 Web 服务选择问题的解决方法的分类。

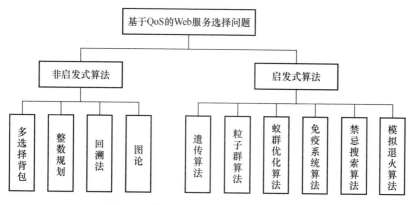

图 9-4　基于 QoS 的 Web 服务选择问题

在非启发式方法的研究中，一些研究者使用回溯和分支定界等经典算法来解决这个问题，使用这些方法来寻找基于 QoS 的 Web 服务选择问题的最佳解决方案，但是不足之处是这些方法的时间复杂度相对较高。将基于 QoS 的服务选择问题建模为多选择背包问题，将每个候选服务的效用值和 QoS 值分别作为背包问题中每个物品的价值和重量，背包的容量作为 QoS 的全局约束。该算法在每个服务类中选择一个服务，为使得在约束条件下总的效用值最大化，使用动态规划结合 Pisinger 算法来解决这个问题。利用图论解决这个问题,将问题建模为受约束的最短路径问题。在这种方法中,每个服务类中的每个候选服务代表一个节点,将 QoS 参数作为边的距离构建了一个有向无环图,然后利用 Bellman-Ford 算法和约束最短路径算法解决了这个问题。使用整数规划来解决这个问题,虽然这种方法优于穷举算法,但是还是需要在计算时间方面进一步改进。

启发式算法虽然相对于非启发式算法速度更快,但是在面对大规模的候选服务时,算法的计算速度可以进一步地进行优化。由于在候选服务集中存在着许多冗余的服务,在服务选择之前可以先将这些冗余的服务剔除,加快启发式算法的计算速度。

另一个存在的问题是在目前的研究中很少有研究同时考虑到服务的 QoS 和事务属性。组合服务是由每一个单一的服务组成的,单一的服务如果发生异常,则整体的服务都会受到影响。因此,为了保证整体服务的原子性和一致性,在服务选择中需要考虑如何将服务的事务属性与 QoS 结合在一起。

Web 服务选择属于 Web 服务组合其中的一个阶段。尽管单个 Web 服务对用户有其自身的价值,但是单个 Web 服务提供的功能是有限的。Web 服务的真正潜力是将多个 Web 服务组装成更强大的、具有更复杂功能的应用程序来实现,即 Web 服务组合。

在 Web 服务组合的流程中,第一阶段是目标明确,明确服务请求者在功能属性上的要求和整体组合服务的 QoS 约束。然后,目标被自动分解到一个抽象的业务流程中,这个抽象的业务流程包含一组任务,每个任务都有清晰的功能,以及控制流和数据流。同时,还规定了还规定了业务流程端到端的服务质量,以及每个参与任务的服务质量要求。在第二阶段服务发现阶段,通过搜索服务注册中心来定位与发现与任务的功能和非功能需求相匹配的具体 Web 服务,服务注册中心拥有关于可供选择的具体 Web 服务的信息。在这个阶段,每个抽象服务很有可能找到多于一个候选服务,这些候选服务在满足基本功能的同时可以提供不同的 QoS 属性值,即价格、响应时间、可靠性等。第三阶段是服务选择阶段,在这个阶段会为每一个抽象服务选择一个具体服务。之后,在服务执行阶段,通过执行组合服务会创建一个过程实例。在最后的服务维护和监控阶段,过程实例将被持续监控,监测组合服务的状态变化以及可能发生的失败结果。

其中基于 QoS 的 Web 服务选择是研究热点,在服务组合选择中,对于每一个抽象服务均存在一些功能相似、QoS 各异的服务可供选择。基于 QoS 的服务选择的目标即为从每个抽象服务的可选服务集合中选出具体的服务,保证组合后的服务满足用户的 QoS 约束并且满足组合服务的效用函数最大化。

在服务选择方面，文献［14，15］的研究亮点在于其调研了现实世界中的服务质量数据，该成果能够为将来的研究提供可重用的数据集。具体来说，作者获取了互联网上全球范围内 21358 个网络服务的访问地址，超过 80 个国家的用户进行了多达三千万次的服务调用，详细的评估结果以及网络服务的服务质量数据可以在网络上自由获取。

9.4　运行时服务异常处理

目前基于服务的软件生产方法通常流程为：服务提供者生产服务资源→发布服务→服务消费者选择服务→服务聚合（按需服务资源绑定、组合），类似瀑布模型或自顶向下与自下向上中间对齐的混合模式，缺乏运行时例外处理和服务再聚合迭代过程考虑。只是一个从需求出发聚合服务资源的单向渠道，用户与服务资源缺乏直接联系，没有从需求出发，直接对接服务系统的自适应机制，以克服运行时各种例外和应对客观存在的服务资源不足、上下文环境（Context）变化问题。

因此，建立用户需求到服务资源的直接定制反馈通道、实现 SOA 软件系统运行时自适应调整能力、完善基于服务的软件生产方式，由此构建适应性 SOA 正是服务异常处理的研究动机和意义。

资源是一个很宽泛的概念，其内涵和抽象粒度差异很大，涉及计算资源、网络资源、存储资源、数据资源和服务资源等诸多形态。本节服务资源表示为良定义可互操作的 Web 软构件的集合。

服务资源供应的重要性主要体现在：①充足的、满足个性化要求的服务资源是服务聚合和服务软件生产的物质基础；②有效的服务资源供应方法是服务软件生产顺利实施、高效完成的保障。

SOA 变服务资源的供应从直接端到端提供为间接寻址方式，通过注册机制解耦软件表示和实际服务资源的直接联系，比较有效地解决了服务资源的分布式定位，SOA 由此成为分布式互联网计算的经典体系结构。带有异常处理的服务请求者为中心的支持自适应性 SOA 结构如图 9-5 所示。

由于 Web 执行环境的动态链接和尽力而为的服务资源供应机制，在组合服务的过程中会自然发生各种服务资源供应异常[5]。异常情况，指的是服务失效（故障）、网络错误和资源或需求变化引起的异常事件。缺乏异常处理机制导致的问题有性能低下、资源浪费、非优化服务供应甚至是失败的流程执行。

而用户的偏好和需求不断变化，仅仅依赖当前可得到的服务资源进行组合来构建应用非常困难。业界的主要服务软件开发平台，如 IBM RSA、ActiveB-

PEL、Websphere Integeration Developer 等也同样缺乏服务资源主动供应方面的设计考虑，由此也影响这些工具在实际使用上的方便性、实用性。

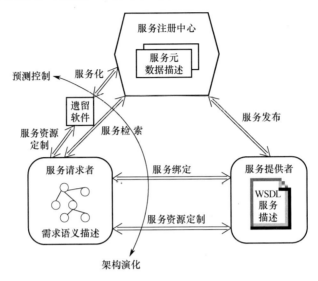

图 9-5　服务请求者为中心的支持自适应性 SOA 结构

以上问题造成的结果是：大型、分布式软件开发中投入大量的人力、物力和工具进行服务资源的建设，但投入高、产出少，作用不明显。

主要原因有：

（1）传统 SOA 不具备运行时自适应调节机制以适合需求和服务场景变化能力。

（2）服务资源被动供应、静态绑定。缺乏服务聚合运行时服务资源自适应主动供应机制。

因此，调整运行时架构，以适应需求和上下文环境变化、解决服务资源供应的动态自适应异常处理就成为目前 SBA（基于服务的应用系统）发展中需要迫切解决的问题之一。

本节针对以服务消费者为中心的自适应 SOA 展开研究，主要关注面向个性化定制的自适应 SOA 运行时异常处理方法。阐述自适应运行时的异常处理，提出应对需求和服务场景变化的运行时自适应调节机制和实验实证分析。

9.4.1　自适应运行时的异常处理

对于问题域的需求模型如何根据异常情况自适应变化，最终驱动软件架构执行级元素联动变化？为此提出一个基于日志历史的预测控制自适应异常处理方法，该方法弥补了目前没有综合考虑时间、需求、软件体系结构三要素模型的缺陷。其核心是采用小波变换建立与时间域的关系，通过历史日志关联时间变化进而预测服务资源供应的能力和变化，遇到运行时异常时，需求描述发生实时演化同时驱动软件架构使能元素变化。同时采用服务虚拟化机制，从用户需求出发，基于个性化定制进行服务资源动态自适应生产和遗留软件服务化的方法进行服务资源运行时自适应异常处理。

服务软件虚拟化方法和技术旨在屏蔽 IT 资源分布异构的物理特性，解耦软件的抽象表示和具体的 IT 资源，通过虚拟化机制实现语义等价的 IT 层面 Web 服务到用户业务功能需求抽象的映射。

借助服务虚拟化，探索需求主导的服务资源个性化主动定制，以完成服务聚合运行时无法匹配的服务构件资源的即时、按需生产，努力弥补研究社区在按需服务资源自适应定制方面的缺失，完善服务资源供应方式。同时，需要预测控制机制监控需求变化，在运行时将需求描述或需求演化映射到软件架构执行级元素上。

服务资源供应自适应运行时异常处理体系结构如图 9-6 所示。该体系结构采用 Atom 数据聚合方式封装和传递服务需求，通过 Atom 的 subscribe 和 inform 完成服务资源需求描述的创建、订阅、主动推送功能。

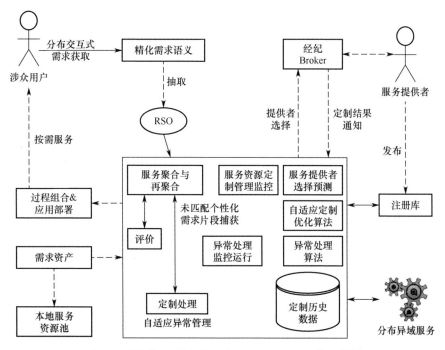

图 9-6　服务资源供应自适应运行时异常处理体系结构

配合服务聚合与再聚合，由此设计带有定制处理的服务聚合流程和自适应定制优化算法、异常处理算法、异常处理监控运行，共同完成自适应异常处理功能。

伴随服务资源定制生产系统，主要研究核心算法在于服务定制者优先选择算法和带有定制处理的服务聚合算法、服务资源定制自适应优化算法、服务评价算法、定制管理流程算法、定制信息反馈、加入定制服务资源后服务聚合再运行等及其应用实效分析。

服务资源定制自适应优化算法部分采用项目组前期成果 SSOA（空间搜索优化算法）（具体见 Algorithm 1），在定制资源提供选择方面提高资源供应搜索效率。空间搜索算法借助空间搜索操作实现：即从已知解出发，产生新的子空间并搜索该子空间。共包含如下 3 种空间搜索操作。

局部空间搜索：基于单纯形算法思想进行改进（增加了约束条件的搜索），具有较高的局部搜索能力。

全局空间搜索：实质就是柯西变异操作。

反向操作：引用"反向数字"加速算法收敛速度，该操作已经被证明比纯粹的随机搜索更优。

算法特点：SSOA 具有更强的局部搜索能力，例如：目前大部分 DE 算法；SSOA 算法具有相对较强的全局搜索能力，这是由于算法中具有柯西变异操作；SSOA 算法具有较快的收敛速度。

算法优点：与目前一些著名的改进 DE 算法对比，实验结果表明 SSOA 具有更快的收敛速度，且有更大的可能性获得精确解或更为精确的近似解；尤其在高维优化问题上该优点更为突出。

Algorithm 1 SSOA 算法伪代码

```
LNPUT :solution set (population
OUTPUT:优化空间
  Begin
   Initlallzation:
    1)Initialize a solution set (population)at random.
    2)Opposition-based space search.
   While(the termination conditions are not met)
    IF(rand (0,1) <Cr )//Cr Is a fixed given number
     Local space search:
       1)Generate a new space:Generate a new space based on three
         glven solutions.
       2)Search the new space:Reflection, Expansion,and Contrac-
         tion.
     Global space search:Cauchy search(Cauchy mutation).
    Elae
```

```
Opposition-based space search.
End While
End
```

按需服务资源定制需要聚合运行时监控异常，以便触发服务资源定制过程，为此，需要系统研究服务质量评价度量标准，需要界定异常时定制触发的边界条件，同时这也是一个实时系统，必须满足实时触发、发布和反馈的要求。

异常发生时，服务聚合流程中断。当缺失服务资源定制完成，聚合流程需要重新启动，再聚合流程工作。实施方法是借鉴科学工作流中的事务机制，完整流程要么完成、要么终止，同时保留相关流程运行数据。对于终止流程再聚合时，流程重新开始不会影响服务资源提供方。为此需要在系统数据库中设计相关数据表，通过数据记载为再聚合提供支持。

服务资源定制管理的运行方法要点为：①提出服务请求者为中心的支持自适应性 SOA 结构；②设计完整的服务资源自适应定制、服务聚合重启动、异常处理即时监控等用户服务异常情况下的体系结构和实现方法，重点关注实现可行性和执行简便有效；③通过服务资源自适应定制优化算法等数学模型构建以优化、量化服务资源应对异常处理的自适应定制能力。

9.4.2　运行时异常处理自适应调节机制

面对运行时异常，通过即时调整运行时软件架构执行元素以适应需求和上下文环境的变化（如异常），并保证其在动态负载下的 QoS。由于缺乏贯通时间、需求和架构 3 种变化的有效方法，因此问题域的需求模型变化自适应驱动解空间上的架构元素就成为了一个核心问题。基于预测控制的运行时异常处理自适应调节，就是采用了结合需求模型级和软件架构级一致性联动变化来驱动 SOA 系统的自适应。该方法通过历史日志学习基于小波变换的模型以准确/柔性预测服务资源的变化，并通过预测控制诱导需求模型实时变化联动实现运行时软件架构的演化，达到 SOA 系统的运行时异常处理自适应调整。

运行时自适应调节是目前面向 Internet 软件系统的难题，需要解决如何在运行时将需求模型变化映射到架构单元[6,7]。通过预测控制驱动 SaaS 组件诱导需求进化，实现运行时架构变化，并证实预测控制在需求/架构演化方面的有效性，但未推广到 SOA 层次上考虑运行时需求变化驱动架构演化。如图 9-7 所示，提出的运行时异常处理自适应调节方案是结合有效的预测控制方法和 MAPE-K 控制回路模型的，方案分为运行时监控、实时分析引擎、软件架构调节管理器、Aspect 执行引擎和日志管理等部分。

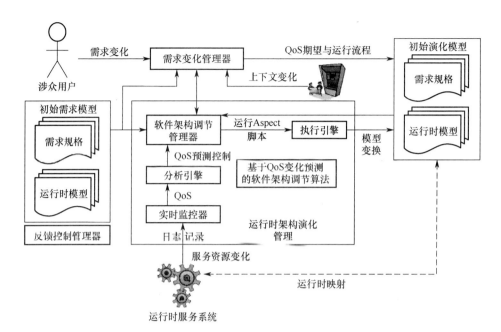

图9-7　应对需求和服务场景变化的运行时异常处理自适应

方案的核心关注点如下：

（1）运行时服务资源的服务质量 QoS 值的预测方法（采用小波变换，比如选择 Morlet 母小波基函数）。

傅里叶变换方法在电磁学、军民用电力、移动通信等许多方面都有普遍和成功的应用，主要功能是能将时间序列数据转换为频率序列数据，以抽取时间序列的特征。但是傅里叶变换本质上具有时域和频域局部化矛盾，不能有效解决全局预测效能，而使用小波变换分析和描述应用在各个单位时间内运行时服务资源的 QoS 值随时间的变化规律进而预测未来变化，该变换可以较好地解决上述矛盾。

Algorithm 2 基于 QoS 变化预测的软件架构调节算法

INPUT：SOA 软件系统中运行时 t 和 t +1 时服务资源的 QoS 值，期望输出的 QoS 值

OUTPUT：t +1 时刻的控制操作向量

Begin

初始化：训练分类预测模型；训练需求模型的标记改进点：

IF 分类预测（运行时 t 和 t +1 时服务资源的 QoS 值，期望输出的 QoS 值）=需求

THEN

t +1 时刻的控制操作向量=标记改进点（运行时 t 和 t +1 时服务资源

的 QoS 值，期望输出的 QoS 值）

    ELSE

      t+1 时刻的控制操作向量 = 架构演化（运行时 t 和 t+1 时服务资源的 QoS 值，期望输出的 QoS 值）

    END IF

   TETURN t+1 时刻的控制操作向量

End

（2）基于 QoS 变化预测的软件架构调节机制。

根据预测的服务资源 QoS 值 $Y_{i(t+1)}$ 与三元组（系统监控控制节点在 t 时刻对于服务资源 i 的控制操作）集合 CON 中生成 $t+1$ 时刻的控制操作向量为 $CON_{(t+1)}$。预测控制过程包括需求模型初始化、运行时异常触发的需求描述演化、架构执行级元素调节等。

运行时自适应架构调节算法设计如 Algorithm 2。

自适应架构调节主要包括两大部分：初始化部分、预测控制部分。初始化工作，即采集日志记录数据通过支持向量机 SVM 模型进行学习、挖掘，提炼出可行的、经过验证的需求描述模型。

（3）面向需求变化的元模型设计。

面向运行时需求变化必须扩展已有的需求模型，以支持运行时需求描述模型在线改变，为此扩展以前的需求描述元模型。由于需求模型采用 XML 格式，通过在其中增加相关面向变化描述的元素，如方面（Aspect）、本体表示等以提高 XML 标签的语义互操作性。运行时通过这些标签的改变反映需求模型的即时变化。

（4）面向方面（Aspect）的软件架构执行级演化。

面向方面（Aspect）的软件架构执行级演化机制包括需求演化和运行时架构模型变换两个方面。其中需求模型演化需要解决的主要问题是异常出现时如何即时进行新的需求模型生成。

第 1 步：根据（2）中基于 QoS 变化预测的软件架构调节机制，分析与获取变更需求对应的控制操作向量。

第 2 步：需求模型演化。根据第 1 步得到的操作向量搜寻演化需求模型库获得支持异常处理的新需求描述模型。

第 3 步：利用面向方面的需求演化建模分析方法（支持运行时软件架构自适应调整），对初始需求描述模型匹配对应的软件体系结构执行级元素，如方面（Aspect）（图 9-8），模型中采用 OWL-S^A 作为需求语义级描述语言，在需求变化阶段建立需求演化语义，为体系结构执行级提供原始驱动。描述语言 OWL-S^A 采用横切点 - 通告方式将需求模型与软件架构执行级元素（方面 Aspect）联系起来。方面（Aspect），对应服务软件系统的需求规格说明，其需求描述包括多个横切点-通告对。横切点表示运行时架构演化发生适应性改变的位置，通告表示需求变化的具体要求。通过方面切入达到运行时软件架构元素重组，可以完成运行时架构演化。

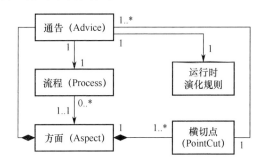

图 9-8　支持运行时软件架构自适应调节的软件架构演化元模型

通过表征 SOA 系统运行时质量的 QoS 值预测控制来驱动软件架构演化的自适应调节方法，其采用了结合需求和架构驱动服务系统的自适应。通过实时分析 SOA 运行时日志信息，基于小波变换的学习模型来预测下一确定时刻相应服务资源的服务质量属性；通过基于 QoS 预测生成运行时架构改变，实现运行时的自适应需求变化，利用面向方面技术支持运行时架构元素自适应调整，完成 SOA 软件系统运行时演化。

实验载体领域研究选择基于 Internet 的软件系统即集成物联网、云应用、大数据等技术打造面向服务的海南农产品电子商务平台——"农博商城"升级版，探讨 O2O（线上线下相结合）农产品电子商务模式，实现消费者与农业生产企业、生产基地信息全流程对接，并向终端消费者提供准确及时的农产品生产履历、仓储、物流配送等信息，打造海南"三品一标"热带农产品第一交易门户。

电商平台本身设计了大量服务，仅以农产品追溯信息服务为例，其 WCF 接口服务地址为 http://218.77.186.198:8000/TracesDataService.svc。

Web 服务接口地址为 http://218.77.186.198:8000/TracesDataWebService.asmx。

除平台自身开发的服务以外，系统还调用了大量外部服务，如地图服务、天气服务、物理服务等，是典型的 SBS 应用。平台初期运行极为不稳定，究其原因是没有采用相应的运行时异常处理相关机制，通过两套相同系统平台同时运行 30 天的比较结果（其中一套系统平台运行了相关的异常处理机制），表明运行时异常处理机制的加入明显提升了平台应对各种不确定状态的能力。

面向个性化定制的自适应 SOA 运行时异常处理机制研究，重点关注两个方面：

（1）基于个性化需求驱动的运行时异常处理，针对服务组合中无法得到的服务资源，采用切片或分割方法获取整体需求中针对该服务资源的个性化需求（描述），通过即时向服务提供者发出定制要求，采用一系列自动化定制管理手段，服务提供者主动按需生产；

（2）二是设计应对需求和服务场景变化的运行时自适应调节机制，提出一个基于预测控制的自适应调节方法，采用结合需求模型和软件架构来驱动SOA 系统的自适应。

练习题

一、思考题

1. 如何理解服务计算的新定义和新框架？

2. 试提出两个在软件开发中需要解决的 Web 服务技术问题，并简要陈述自己的技术解决方案。

3. 语义 Web 对 Web 服务开发有什么作用？如何改进现有语义 Web 的 执行效率？

4. 什么是智能服务？简要陈述智能服务的基础即服务语义互操作的定义和作用。

5. 如何理解按需服务是智能服务的目标？大规模定制软件生产与个性化按需服务定制有何异同？

6. 结合具体案例，说明 Web 服务发现与选择在 Web 服务开发中还存在的问题和解决方案。

7. 运行时服务异常处理为什么是 Web 服务开发中的重要研究问题？结合开发实例简述自适应运行时的异常处理的解决方法。

8. Web 服务开发是否需要相应的软件工程方法论？如需要，则陈述理由并说明其软件工程方法的原理和过程。

《Web 服务开发技术》课程实验教学大纲

一、课程类别：专业拓展　　　　　课程名称：Web 服务开发技术

二、实验类别：专业实验　　　　　课程学分：2

三、实验总学时：8　　　　　　　 开课学期：

四、应开实验个数：4　必开实验个数：3　选开实验个数：1

五、面向学科专业：计算机类

六、实验成绩评定方法：每次实验必须由指导教师点名，不得无故缺席或迟到；实验结束后，通过教学软件或网络教学平台将实验作业上交，指导教师对实验作业评分；实验报告占 100%。

七、实验成绩占课程总成绩比例：30%。

八、实验教材或自编指导书

九、实验室名称：软件开发实验室

（一）课程简介："Web 服务开发技术"课程实验是本门课程重要的教学环节，面向服务是先进的业务和计算理念，面向服务架构（service-oriented architecture，SOA）是被广泛接受的面向服务技术规范，Web 服务（Web services）是实现面向服务架构的主流技术体系。通过实验教学环节使学生理解 Web 服务开发的基本原理；掌握 Web 服务开发的业界常用工具环境和应用实施方法；熟悉利用 Web 服务开发技术进行软件的设计与开发；重点掌握服务计算的基础理论，包括服务的基本概念、SOA（面向服务的体系结构）设计原则、SOA 参考架构和 SOA 技术体系等知识；在此基础上掌握 SOA 的相关技术，主要包括 Web 服务技术基础、Web 服务实现技术、Web 服务高级技术、基于 SOA 的业务流程建模等技术；提高学生在 SOA 设计过程中分析问题和解决问题的能力。

（二）实验目的和要求：

1. 根据教学内容和教学目标，实验内容有基础型、设计型和综合性实验，学生应按照实验要求，完成指定的实验内容，并按时提交实验报告与作品。

2. 由主讲教师或实验指导教师对实验内容加以辅导。

3. 一人一机，每个实验的学时为 2 学时，由学生独立完成或在老师的辅

导下完成操作。

4. 要求学生课前预习，严格遵守实验课守则，认真实验，按时完成每堂课的实验内容。

（三）实验项目列表：

实验编号	实验项目名称	实验类型	实验学时	要求
实验一	在.NET 环境中开发 Web 服务		2	
实验二	Eclipse 环境下 Web 服务开发		2	
实验三	一种实现 RESTful Web 服务的具体应用方法		2	选开
实验四	基于 Web Service 的综合应用系统开发方法		2	

实验一　在 . NET 环境中开发 Web 服务

学时：2

（一）实验类型：设计性实验。

（二）实验目的：掌握在 . NET 环境中开发 Web 服务。

（三）实验内容：熟悉业界常用的 Web 服务开发与设计工具 VS2010；能使用工具进行软件设计和体系结构建模。

（四）要求：由学生独立完成或在老师的辅导下完成操作；下课时通过教学软件或网络教学平台将实验作业上交。

（五）每组人数：1。

（六）主要仪器设备及配套数：PC 机；1 套/人。

（七）所属实验室：软件开发实验室。

实验二　Eclipse 环境下 Web 服务开发

学时：2

（一）实验类型：设计性实验。

（二）实验日的：掌握 Eclipse 环境下 Web 服务开发。

（三）实验内容：会使用 Axis 创建 Web Service；能对 JAVA 环境下 Web 服务开发进行分析和设计；能结合具体案例进行 Web 服务开发的选择和应用。

（四）要求：由学生独立完成或在老师的辅导下完成操作；下课时通过教学软件或网络教学平台将实验作业上交。

（五）每组人数：1。

（六）主要仪器设备及配套数：PC 机；1 套/人。

（七）所属实验室：软件开发实验室。

实验三　一种实现 RESTful Web 服务的具体应用方法

学时：2

（一）实验类型：设计性实验。

（二）实验目的：学会一种实现 RESTful Web 服务的具体应用方法。

（三）实验内容：能对 RESTful Web 服务进行创建；能远程调用创建的 RESTful Web 服务。

（四）要求：由学生独立完成或在老师的辅导下完成操作；下课时通过教学软件或网络教学平台将实验作业上交。

（五）每组人数：1。

（六）主要仪器设备及配套数：PC 机；1 套/人。

（七）所属实验室：软件开发实验室。

实验四　基于 Web Service 的综合应用系统开发方法

学时：2

（一）实验类型：综合性实验。

（二）实验目的：熟悉一种 SOAP 服务器的基本操作，掌握基于 Web Service 的综合应用系统开发方法。

（三）实验内容：能实现客户机远程调用服务器创建好的 Web Service；能运用多种技术（服务器和客户端）完成一个基于 Web Service 的软件系统。

（四）要求：由学生独立完成或在老师的辅导下完成操作；下课时通过教学软件或网络教学平台将实验作业上交。

（五）每组人数：1。

（六）主要仪器设备及配套数：PC 机；1 套/人。

（七）所属实验室：软件开发实验室。

参考文献

［1］帕派佐格罗. Web 服务：原理和技术［M］. 龚玲，等译. 北京：机械工业出版社，2010.

［2］毛新生. SOA 原理·方法·实践［M］. 北京：电子工业出版社，2007.

［3］喻坚，韩燕波. 面向服务的计算：原理和应用［M］. 北京：清华大学出版社，2006.

［4］王红兵. 服务计算应用开发技术［M］. 北京：机械工业出版社，2009.

［5］闫建强，王瑞敏. Web 服务开发学习实录［M］. 北京：清华大学出版社，2011.

［6］李银胜，柴跃廷. 面向服务架构与应用［M］. 北京：清华大学出版社，2008.

［7］吴朝晖. 现代服务业与服务计算：新模型新定义新框架［J］. 中国计算机学会通讯，2016，12
（4）：57 – 62.

［8］邓子云. SOA 实践者说：分布式环境下的系统集成［M］. 北京：电子工业出版社，2010.

［9］王翀，何克清，等. 化解"信息孤岛"危机的软件模型按需服务互操作技术［J］. 计算机学报，
2018，41（06）：1094 – 1111.

［10］Liu, L. Editorial：Service Computing in the Next Seven Years［J］. IEEE Transactions on Services Com-
puting, 2014, 7（4）：529 – 529.

［11］Zhang L J. Big Services Era：Global Trends of Cloud Computing and Big Data［J］. IEEE Transactions on
Services Computing, 2012, 5（4）：467 – 468.

［12］Carlo Ghezzi. Surviving in a world of change：Towards evolvable and self – adaptive service – oriented sys-
tems［C］. Germany：Berlin, 2013.

［13］文斌. 面向云计算的按需服务软件工程［M］. 北京：国防工业出版社，2014.

［14］Zheng Z, Zhang Y, Lyu M R. Investigating QoS of real – world web services［J］. Services Computing,
IEEE Transactions on, 2014, 7（1）：32 – 39.

［15］Zheng Z, Ma H, Lyu M R, et al. Qos – aware web service recommendation by collaborative filtering［J］.
Services Computing, IEEE Transactions on, 2011, 4（2）：140 – 152.

［16］韩燕波，王桂玲，刘晨，等. 互联网计算的原理和实践［M］. 北京：科学出版社，2010.

［17］韩燕波，徐晓飞，何克清. 互联网环境下的服务计算［J］. 中国计算机学会通讯. 2010，6（9）：
10 – 11.

［18］吴朝晖，邓水光，吴健. 服务计算与技术［M］. 杭州：浙江大学出版社，2009.

［19］李磊. 面向服务计算的若干关键技术研究［D］. 安徽：中国科学技术大学，2008.

［20］喻坚，韩燕波. 面向服务的计算 – 原理与应用［M］. 北京：清华大学出版社，2006.

［21］金芝，刘璘，金英. 软件需求工程：原理和方法［M］. 北京：科学出版社，2008.

［22］Wen B, Liang P, He K. Stakeholders – driven requirements semantics acquisitionfor networkcd software
systems［C］. Korea：IEEE Computer Society, 2010.

［23］金芝，何克清，王青. 软件需求工程部分研究工作进展［J］. 中国计算机学会通讯，2007，3
（11）：25 – 34.

［24］张尧学，方存好. 主动服务：概念、结构与实现［M］. 北京：科学出版社，2005.

［25］何克清，何扬帆，王翀，等. 本体元建模理论与方法及其应用［M］. 北京：科学出版社，2008.

［26］何克清，李兵. 面向服务的语义互操作性技术及其标准［J］. 中兴通讯技术，2010，16

（4）：9－12.

[27] 高聪. Web 服务发现关键技术研究［D］. 西安：西安电子科技大学，2015.

[28] 郭志云. 服务计算中若干关键技术研究［D］. 北京：北京邮电大学，2015.

[29] 綦麟. 基于 QoS 的 Web 服务选择方法研究与实现［D］. 北京：北京邮电大学，2018.

[30] 王丹丹. 云计算中 Web 服务发现与组合技术研究［D］. 北京：北京科技大学. 2017.

[31] 李德毅，张海粟. 超出图灵机的互联网计算［J］. 中国计算机学会通讯，2009，5（12）：8－17.

[32] 邓水光，吴朝晖. Web 服务组合方法综述［J］. 中国科技论文在线，2008（02）：79－84.

[33] 文斌，等. 需求语义驱动的按需服务聚合生产方法［J］. 计算机学报，2010，33（11）：2163－2176.

[34] 文斌，等. 面向消费者的服务资源个性化主动定制［J］. 小型微型计算机系统，2013，34（8）：1837－1842.

[35] 文斌，梁鹏，罗自强. 基于 QR 二维码和数据聚合的农业产品追溯服务系统设计［J］. 小型微型计算机系统，2014. 35（2）：261－265.

[36] 文斌，罗自强. 基于服务系统的运行时异常处理机制研究与应用［J］. 计算机与数字工程，2017. 45（02）：235－241.

[37] Wen, B., Z. Luo, Y. Wen. Evidence and Trust：IoT Collaborative Security Mechanism［C］. Spain：IEEE Systems，2018.